시간 계획만 잘 세워도 학교생활이 달라집니다

시간 계획만 잘 세워도 학교생활이 달라집니다

김수현 지음

우리학교

"선생님의 하루는 24시간이 아니라 48시간인가요?"

제가 종종 듣는 말입니다. 그럴 리가요. 신이 제게만 48시간을 줄 리가 있겠습니까. 제게 24시간을 덤으로 선물해 주신다면, 넙죽 받고 싶습니다.

"MBTI 검사하면 J 나오시죠?"

이것도 종종 듣는 말입니다. 놀랍게도, 아닙니다! 저는 P 성향이 강한 사람이랍니다. 계획을 세우고 시간표대로 움직이는 일은 언제나 쉽지 않아요. 늘 즉흥적으로 마음이 움직이고, 그날그날 기분에 따라 행동하곤 해요. (제가 많이 변덕쟁이랍니다.) 그래서 달력과 다이어리를 꾸준히 쓰는 사람들을 볼 때면 부러운 마음과 동시에 '나는 과연 할 수 있을까?'라는 의문이 들기도 했습니다.

하지만 아이를 키우면서 조금 다른 깨달음을 얻었습니다. 달력과 다이어리는 단순히 시간을 관리하는 도구가 아니라 우리 가족의 하루를 기록하고 마음을 나누는 따뜻한 그릇이라는 사실을 말이죠. 아이가 첫걸음을 떼던 날, 여행의 작은 기록, 하루 동안 서로에게 건넨 말 한마디까지, 다이어리와 달력 속 작은 표시들이 아이와 저를 이어 주는 다리가 되었습니다. 그제야 저는 계획을 완벽하게 지켜야 한다는 부담에서 벗어나

작은 순간과 마음을 기록하는 즐거움을 느낄 수 있었습니다.

처음에는 꾸준히 기록하는 일이 버거웠습니다. 빈칸이 남으면 불안하고, 약속이 밀리면 속상하기도 했습니다. 하지만 그 불완전함 속에서 아이와 함께 웃고, 하루의 기쁨과 작은 성취를 나누며, 서로의 하루를 돌아보는 시간이 생겼습니다. 달력 위에 붙인 스티커 하나와 다이어리에 적은 감사의 한 줄이, 아이에게는 자신을 돌아보는 힘이 되고 저에게는 부모로서의 성장과 따스한 행복을 느끼게 해 주었습니다.

저의 목표는 완벽하게 가득 찬 다이어리를 만드는 것이 아닙니다. 중요한 것은 하루를 함께 보내고, 작은 순간을 기억하며, 서로의 마음을 나누는 경험입니다. 아이와 달력과 다이어리를 쓰는 시간이, 저에게는 하루를 사랑으로 채우는 소중한 의식이 되었고, 아이에게는 자신의 하루를 이해하고, 세상을 바라보는 눈을 키워 주는 작은 선물이 되었습니다.

이 책으로 저처럼 자유로운 성향의 부모라도, 아이와 함께 달력과 다이어리를 쓰면서 작은 순간 속에서 서로의 마음을 이어 가고 하루하루의 삶에 따뜻한 온기를 담을 수 있음을 보여 주고자 합니다. 완벽하지 않고 느리더라도 그 과정 자체가 아이와 부모가 함께 성장하는 여정이 될 수 있다는 것을 전하고 싶어요. 부디 그 마음이 닿기를 소망합니다.

시간 관리가 아이를 바꾼다

생각해 봅시다. 우리 자녀들이 계획하는 법을 배워 본 적이 있을까요? 한글을 떼기 위해 한글을 배웠습니다. 덧셈과 뺄셈 연산을 하기 위해 숫자를 익혔지요. 그런데 계획하는 법은 아이 스스로 익히게 하는 양육자가 많습니다. "그러니까 그렇게 미루지 말고, 계획을 좀 세워 봐."라고 말할 뿐, 구체적인 방법은 가르쳐 주지 않는 거죠.

어디에 시간을 얼마만큼 쏟아야 하는지를 스스로 진단할 수 있는 어린이가 단원 평가에서 좋은 성적을 거두고, 앞으로의 성적도 향상됩니다. 이것을 두고 '메타 인지'라고 부릅니다. 결국 메타 인지는 시간 관리 능력과 관련되는 것이죠. 시간 관리 능력이 성적과 직결되는 이유입니다.

"엄마, 숙제 언제 해요?"

✅ 숙제를 안 해 오는 이유

저는 숙제를 많이 내주지 않는 19년 차 초등교사입니다. 처음부터 그랬던 것은 아니에요. 아이들의 공부 습관을 세워 주고 싶은 마음으로 초임 시절에는 아이들에게 종종 숙제를 내주곤 했답니다. 그런데 지금은 숙제 제시는 최대한으로 줄입니다. 일주일 중 내가 원하는 요일에 생활문 한 편 쓰기. 이것이 전부랍니다. 어때요, 꽤 간단하죠?

숙제를 내주면 성실히 해 오는 어린이와 그렇지 않은 아이로 자연스럽게 나누어집니다. 좀 더 깊숙이 들여다보면 숙제를 해 오지 않은 어린이는 여러 갈래로 나뉩니다.

먼저, 숙제는 했는데 깜빡 잊고 두고 온 아이가 있습니다. 이런 실수를 1년에 한 번 하는 아이도 있지만 격주로 하는 아이도 있습니다. 반면 아예 숙제 자체를 잊은 아이도 있죠. 알림장에 숙제의 내용을 적지만, 활자를 옮겨 적는 것에만 목적이 있을 뿐 내용은 처음부터 머릿속에 담을 의지가 아예 없는 어린이도 있답니다.

문제는 이런 어린이가 소수가 아니라 '왕왕' 있는 경우입니다. 숙제를 거른다고 해도 초등교육은 이것이 평가에 반영되는 시스템도 아니고, 그렇다고 방과 후에 남겨서 시키기도 난감합니다. (학원 셔틀버스가 기다리고 있으니까요!) 기껏해야 다음 숙제는 잊지 않고 꼭 해 오겠다는 구두 계약 정도가 전부죠. 이렇게 숙제를 거르는 아이들이 생기기 시작하면 '숙제'라는 것은 모두에게 강제성을 잃습니다. 강제성이 옅어진 숙제를 열심히, 성실히 하는 어린이는 소수가 되겠죠. 숙제가 소수에게만 해당되는 것이라면 줄이는 편이 모두에게 좋겠다는 생각이 점점 더 견고해졌습니다.

몇 해 전의 이야기입니다. 매주 월요일 아침은 글 모음 공책을 제출하는 시간이었어요. 제출하지 않은 아이에게 왜 과제를 하지 않았느냐 물었지요. 아이는 뭐라고 답했을까요?

"숙제할 시간이 없었어요."

"깜빡 잊었어요."라는 답변이 돌아올 줄 알았는데 아니었습니다. 아무래도 주말에 바쁜 일정이 있었던 것 같았습니다. 하지만 그렇게 생각하고 넘기기에는 그 어린이는 매주 과제를 해 오지 않았어요. 사실 숙제를 제출하는 때가 월요일 아침일 뿐, 주말에만 할 수 있는 과제가 아니었습니다. 주중에도 충분히 할 수 있는 간단한 과제였어요. 아이에게 바쁜 일이 있었느냐고 물었지만, 아이는 바쁘지 않았다고 말했습니다. 그 뒤에 건넨 말은 꽤 신선하기까지 했습니다.

"엄마가 숙제를 언제 해야 하는지 안 알려 줘요."

한마디로 엄마가 숙제를 챙겨 주지 않았다는 겁니다. 물론 때로는 보호자의 도움이 필요한 과제도 있겠지요. 그런데 그 과제는 보호자의 도움이 필요한 과제가 아니었습니다. 그리고 대답의 내용도 조금 어색하지 않나요? 제 귀에는 차라리 "엄마가 숙제하라고 말해 주지 않았어요."나 "엄마가 오늘은 숙제 안 해도 된다고 했어요."가 덜 이상하게 들립니다. 이 어린이의 말대로라면, 엄마가 "숙제는

3시에 하자. 알았지?"라고 말씀하셨다면 분명히 3시에 숙제를 했을 거니까요.

물론 책임을 회피하고 싶은 마음에 순간적으로 다른 사람의 탓으로 돌린 것일 수도 있어요. 제일 편안한 '다른 사람'이 엄마니까, "엄마가…"라는 말을 내뱉은 것일 수도 있습니다. 그렇지만 저는 학교 현장에서 비슷한 내용의 이야기를 많이 듣는답니다.

어린이 선생님! 우리 엄마가 알림장을 안 챙겨서 제가 못 가지고 온 거예요.

선생님 알림장을 보여 드렸는데 깜빡 잊으신 거구나.

어린이 아니요. 엄마가 제 가방에서 알림장을 자꾸 안 꺼내요.

선생님 ?

저학년 교실에서는 준비물을 챙겨 오지 못한 아이가 이런 말을 하는 일이 비일비재합니다. 이상하죠? 알림장은 부모님이 아이의 가방에서 꺼내는 공책이 아니지요. 아이가 자기 가방에서 꺼내 부모님께 보여 드려야 하는 공책이 맞습니다.

물론 어린이들은 아직 양육자의 보호와 살핌이 필요합니다. 그렇지만 양육자의 보살핌이 평생 지속될 수는 없어요. 그 정도가 서서히 옅어져야 합니다. 자녀를 사랑하는 마음은 영원히 변하지 않지만요. 어린이는 서서히 양육자의 보호와 살핌으로부터 분리되어야 하고, 결국에는 독립해야 합니다. 자녀의 건강한 독립. 이것이 모든 양육자의 목표가 되어야 하니까요.

✅ 지금은 기초 공사를 할 때

그렇다고 어느 날 갑자기 "오늘부터는 엄마가 도와주지 않을 거야." 하고 단호하게 무 자르듯 자녀를 독립시킬 수 있을까요? 아니요. 절대 그럴 수 없습니다. 준비되지 않은 분리와 독립은 무책임한 육아의 모습일 뿐입니다.

"양육자의 보호와 살핌이 옅어진다."는 말은 "아이가 자신을 스스로 관리하는 능력을 갖췄다."라는 표현과 같다고 봅니다. 양육자의 보호와 살핌으로부터 자녀를 분리하는 일은 자녀가 어느 정도 준비된 상태여야 가능하기 때문입니다. 내가, 나를, 나로, 바로 세울 수 있는 준비 말입니다. 즉 자기 관리 능력, 자기 주도적인 삶을 사는 능력을 갖추는 것이지요!

네, 맞아요. 이것은 굉장히 어렵습니다. 우리 어른들에게도 이 준비는 절대 쉽지 않은걸요. 잘 세워진 것 같다가도 한순간에 와르르 무너지는 것이 나를 나로 세우는 일이며, 내가 나를 관리하는 일입니다.

그래서 기초 공사가 중요합니다. 뼈대를 튼튼하고 견고하게 세워 놓으면 한순간에 무너지더라도 금방 다시 일어날 수 있으니까요. 나를 관리하는 능력, 나를 관리할 준비를 어린 시절부터 차근차근 해 나가야 합니다. 이 작은 채움이 우리 아이에게 쌓이고 쌓이면, 아이의 1년 후가 다르고 10년 후가 달라집니다. 20년 후는 말할 것도 없지요.

그래서 제안하고 싶은 방법이 있어요. 어린 시절부터 달력을 자주 활용하는 연습 기회를 제공하는 것입니다. 이 연습은 뼈대를 튼튼하게 세우는 데 큰 도움이 됩니다.

이 습관이 제대로 자리 잡는다면 1년 후에는 숙제나 시험, 중요한 약속을 놓치지 않아 스스로 성취감을 맛보는 경험을 여러 번 하게 될 거예요. 이런 경험이 계속 쌓여 10년이 흐르면 주변 친구들보다 시간을 더 효율적으로 활용해 성취가 누적될 것이 분명하겠죠. 여러분의 자녀가 자신의 삶을 주도적으로 설계하며 스스로의 선택에 책임지는 어른으로 성장하길 바란다면, 당장 시작해야 합니다.

시간 관리 연습으로
함께 자라는 우리

 자기 관리 능력이 필요하다는 것을 아이에게 어떻게 설명해 줄 수 있을까요?

 아이와 함께 대화로 풀어 나가면 좋습니다. 저는 주로 하루를 마치고 침대에 누워 마무리 대화를 할 때 아이를 꼭 안고서 이렇게 말해 주곤 했어요.

"너의 몸과 마음은 네가 제일 가까이에서 돌볼 수 있는 '작은 집'이란다. 집을 구석구석 청소하고 고장 난 곳은 고쳐야 오래도록 튼튼하고 깨끗한 것처럼, 너도 네 몸과 마음을 스스로 챙겨야 건강하고 행복하게 지낼 수 있어. 엄마는 너랑 오래도록 건강하고 행복하게 지내고 싶은 마음이 넘치거든. 그래서 엄마도 엄마의 작은 집을 잘 관리할 거야."

여기서 포인트는 "그러니까 너도 자기 관리 능력을 키우렴!"이라고 명령하는 것이 아닙니다. "엄마도 그렇게 할 거야."라고 보여 주는 모습인 것을 잊으시면 안 돼요!

기억력의 문제일까?

✅ 숙제를 깜빡하는 이유 찾기

자녀 엄마! 나 숙제 안 했어!

엄마 아니, 왜 그걸 지금 말해! 빨리 자고 내일 학교 가야지. 주말 내내 뭐 하다가….

자녀 깜빡 잊었지….

엄마 너는 누굴 닮아 기억력이 안 좋니. 내가 말을 해 줬어야 하는데….

주말 동안 행복한 휴식을 취하고 이제 잠을 청해야 할 시간, 갑자기 숙제가 생각난 아이와 엄마의 대화입니다. 충분히 있을 법한 낯설지 않은 모습입니다.

숙제를 거르는 어린이 중에는 자꾸만 숙제를 깜빡하는 아이가 많다고 앞서 말씀드렸습니다. 엄마가 숙제를 언제 해야 한다고 말해 주지 않는다는 어린이도 있다고 말씀드렸지요. 그런데 정말 기억력이 부족해서일까요? 엄마가 숙제를 챙겨 주지 않아서일까요?

아닙니다. 사실 숙제를 깜빡하는 것은 기억력의 문제가 아닙니다. 물론 숙제를 언제 해야 한다고 공지하지 않은 엄마의 잘못도 아닙니다.

엄마　민수야, 주말 동안 해야 하는 숙제 없어?
민수　응, 없어.
엄마　진짜? 진짜 없어?
민수　진짜 없어!

이런 대화도 충분히 가능합니다. 엄마는 자녀의 숙제를 챙겨 주려고 하는데, 자녀는 엄마의 물음에 깊이 생각하지 않고 매우 가볍게 숙제가 없다고 말하고 있어요. 숙제가 있는지 알아보려는 노력

　1부 ● 시간 관리가 아이를 바꾼다

이 전혀 없는 모습이죠?

어쩌면 '숙제가 있다는 사실'을 인지하고 있지만, 없다고 이야기해서 현실을 회피하려는 것일 수도 있습니다. 일단 미루고 보는 거죠. 아마 자녀는 이렇게 생각하고 있을지도 모릅니다. '주말은 길어. 내일 하면 돼.'

숙제가 있다는 것을 분명히 기억하고 있지만 없다고 이야기하는 어린이가 기억력이 부족한 것은 아니지요. 아이가 숙제를 잊어버리는 이유는 따로 있습니다.

✔ 숙제를 잊어버리는 진짜 이유

바로 기억력이 아니라 계획력이 부족하기 때문입니다.

기억력은 단순히 정보를 떠올리는 능력입니다. '오늘은 숙제가 있어!'라고 기억해 내는 능력이죠. 반면에 계획력은 해야 할 일을 미리 생각해서 정리하고, 그것을 실행하려는 능력입니다. 계획력이 있는 어린이는 '오늘 저녁 식사하기 전에 숙제를 끝내야지.'라는 생각을 할 수 있겠지요.

그런데 계획력이 부족한 어린이는 다소 즉흥적으로 생활하는 경향이 있습니다. 쉽게 말해, 즉흥적인 보상에 취약합니다. '숙제보다 게임이 더 재밌겠는데?', '숙제보다 TV 보는 게 더 좋은데?'라는 생각에 쉽게 사로잡혀 버리는 것이지요.

게임보다 숙제를 먼저 하면, 선생님과 부모님께 칭찬받고 신뢰를 얻습니다. 또 훨씬 개운한 마음으로 게임을 즐길 수 있겠지요. 무엇보다 자신이 해야 할 일을 여유롭게 해내면서 성취감을 얻게 됩니다. 다음 대화를 일상생활에서 활용해 보세요.

자녀　엄마, 나 유튜브 10분만 볼래. 딱 10분만!

엄마　내일 준비물은 다 챙긴 거야?

자녀　아, 준비물? 별거 없어. 그건 금방 챙길 수 있어. 내일 아침에 해도 돼.

엄마　금방 챙길 수 있는 준비물이라고 해도, 아침에 허둥대면 놓칠 수 있잖아. 지금 챙겨 두면 엄마도 든든하고, 너도 뿌듯할 거야.

(다음 날 아침)

엄마　오늘 아침은 왜 이렇게 여유롭지? 우리 딸이 어제 미리 다 준비해 놔서 그런가?

자녀　나 지금 가방만 메면 돼.

엄마는 자녀에게 자녀가 느낄 성취감을 콕 집어서 예고해 주고 있습니다. 그리고 그런 자녀 덕분에 엄마가 경험하게 될 감정 또한 간접적으로 말해 주고 있죠. 아직 감정이 세분화되어 있지 않고, 미래를 내다보는 시야가 확보되지 않은 아이들에게는 이렇게 예고해 주는 것이 도움이 많이 됩니다. 다음 날 역시 이를 잊지 않고 다시 한번 칭찬해 주고 있지요? 아침을 기분 좋게 시작할 수 있게 또다시 짚어 주고 있습니다. 이런 대화 패턴을 유지해야 합니다.

이 과정을 통해 얻게 되는 성취감은 굉장히 고차원적이고 짙은 농도의 즐거움입니다. 다만 그 감정이 지금 당장 주어지지 않을 뿐이지요. 즉흥적인 즐거움에 먼저 사로잡히는 경향이 내 아이의 계획력을 흐릿하고 희미하게 만듭니다.

✔ 계획하는 법을 구체적으로 배워야 한다

그런데 생각해 봅시다. 우리 자녀들이 계획하는 법을 배워 본 적이 있을까요? 한글을 떼기 위해 한글을 배웠습니다. 덧셈과 뺄셈 연산을 하기 위해 숫자를 익혔지요. 그런데 계획하는 법은 아이 스스로 익히게 하는 양육자가 많습니다. "그러니까 그렇게 미루지 말고, 계획을 좀 세워 봐."라고 말할 뿐, 구체적인 방법은 가르쳐 주지 않는 거죠.

어른들은 오랜 시간 자기 삶 속에서 어떤 계획을 세우고 실행하는 경험을 많이 했습니다. 업무 계획을 짜거나 여행 일정을 정리하고, 한 달 월급으로 어떤 지출을 할지 미리 생각하지요. 반면 우리 어린이들은 그렇지 않습니다. 단순히 자신에게 주어진 하루라는 시간을 보내는 것에만 익숙하죠. 계획이 중요하다는 사실을 알고 있는 아이들도 어떻게 해야 하는지 구체적인 방법은 잘 모릅니다.

계획력은 숙제를 잘하는 비법이나 기술 같은 단순한 능력에 머무르지 않습니다. 아이가 성장하면서 자기 삶 전반에서 성공 경험을 하는 데 꼭 필요한, 더 고차원적인 능력이지요. 여기서 말하는 '고차원적인 능력'이란 단순히 오늘 해야 할 일을 적는 수준을 넘어섭니다. 스스로 목표를 세우고, 그 목표를 이루기 위해 필요한 단계를 나누어 실행하며, 예상치 못한 상황에서도 우선순위를 조정할 수 있는 능력까지 포함됩니다. 다시 말해 계획력은 자기 삶을 주도적으로 이끌어 가는 힘의 근본이 됩니다.

　　　　　1부 ● 시간 관리가 아이를 바꾼다

오늘부터 아이와 함께 달력에 오늘 할 일을 적어 보는 건 어떨까요? 이 작은 습관 하나가 단순한 일정 관리 능력을 넘어 미래를 스스로 설계하고 책임지는 첫걸음이 될 것입니다.

시간 관리 연습으로
함께 자라는 우리

아이가 계획 세우기를 정말 싫어해요. 기질 탓은 아닐까요?

네, 충분히 그럴 수 있습니다. 아이마다 계획 세우기를 선호하는 정도는 다를 수 있거든요. 그렇지만 이것이 결코 아이의 능력이 부족해서 그렇다거나 바꿀 수 없는 문제는 아니라고 생각해요.

중요한 점은, 계획력은 타고나는 능력보다 경험과 훈련으로 충분히 키울 수 있는 기술이라는 것입니다. 즉흥적인 즐거움에 익숙한 아이라도 작은 성공 경험을 반복하며 '계획대로 해냈을 때 느끼는 성취감'을 맛보게 하면 자연스럽게 계획 세우기를 받아들이게 됩니다.

저는 아이가 계획 세우기를 싫어한다고 해서 기질 탓으로만 돌리는 것을 경계해야 한다고 생각합니다. 부모가 계획 세우는 방법을 차근차근 안내하고 성취감을 느낄 수 있는 경험을 제공하면, 기질과 상관없이 계획력을 발달시킬 수 있어요.

계획력은
어떻게 자랄까?

✓ 계획도 연습이 필요해

엄마　민수야, 자꾸 까먹었다고 하지 말고 계획을 세워. 자, 여기

　　　종이에 토요일 계획 좀 세워 봐. 어서.

민수　알겠어! 내가 계획 세워 볼게.

(잠시 후)

엄마　벌써 계획을 다 세웠어? 어디 보자!

(민수의 계획표를 본 뒤)

엄마　밥 먹기, TV 보기, 놀기, 게임하기, 아이스크림 먹기, 잠

자기?

민수 나 잘했지?

엄마 아이고, 머리야….

계획을 세워 적으라고 했더니 자신이 토요일에 하고 싶은 일을
잔뜩 적어 놓은 민수의 이야기입니다. 낯설지 않은 상황이죠? 이번
에는 다른 장면을 보겠습니다.

선생님 여러분, 여름방학이 얼마 남지 않았죠? 오늘은 여름방학
　　　　　동안 여러분이 어떻게 하루를 보낼지, 나만의 하루 계획
　　　　　을 세워 보겠습니다.

어린이 1 네!

어린이 2 선생님, 저는 적을 게 아무것도 없어요.

어린이 3 저도 뭘 적어야 할지 모르겠어요….

방학 계획을 세워 보자고 했더니 무엇을 써야 할지 몰라 헤매는
아이들의 모습이 담긴 교실 상황입니다. 무조건 "계획을 세워 봐!"
라고 말하는 일은 전혀 효과가 없다는 것, 이제 이해되시나요?

계획하는 것도 연습이 필요합니다. 어떤 아이들은 '계획 세우기'

　　　　　1부 ● 시간 관리가 아이를 바꾼다

를 '내가 하고 싶은 일 적기'라고 생각해서 두서없이 적기도 하고요. 시간 배분을 적절히 하지 못하고 일의 우선순위를 판단하지 못하는 어린이도 정말 많지요. 양육자가 계획의 기본 틀을 잘 잡아 주는 것이 중요한 이유가 바로 여기에 있습니다.

✅ 눈에 보이는 작은 계획부터

제일 중요한 점은 처음부터 완벽하고 거창한 계획을 세우려는 욕심을 거두는 것입니다. 특히 자녀의 나이가 어리다면 아이가 해야 할 일의 개수를 너무 많이 늘리지 않도록 합니다.

- **5~6세**
  - 아직 한글을 쓸 수 있는 나이가 아니기 때문에 글자 대신 그림으로 표현해 봅니다. 글자와 그림을 함께 제시하는 것도 좋습니다. 스티커를 활용할 수도 있습니다.
  - 책 읽기, 유치원 가기, 장난감 정리하기, 양치하기 등 일상생활에서 기본 생활 습관을 자리 잡게 하는 데 도움이 되는 항목을 달력에 적습니다.

- 아직 시계를 읽지 못하기 때문에 구체적인 시간까지 적을
  필요는 없습니다.
- 자녀가 계획한 일을 해냈을 때 직접 체크를 하거나 스티커
  를 붙이는 등의 활동을 합니다. 계획을 세우고 그 계획을 실
  천한 것에 대해 성취감을 충분히 느낄 수 있도록 합니다.

- **7~8세**
  - 한글을 이해하고 쓸 수 있다면 계획을 직접 적는 경험부터
    해야 합니다. 그림으로 표현하는 것도 좋습니다.
  - 시계를 읽을 수 있으므로 해야 할 일과 실행에 옮길 대략적
    인 시간을 함께 제시해 줍니다.
  - 학업 과제도 항목에 넣습니다.

- **9~11세**
  - 공부와 관련된 일, 여가 시간에 할 일, 매일 해야 하는 일을 구
    분해서 세 가지가 적절히 조화를 이룰 수 있게 도와줍니다.
  - 아이가 짠 계획표가 어설프고 엉성하더라도 꾸준함을 칭찬
    해 줍니다.
  - 계획이 잘 지켜지지 않은 날에도 칭찬으로 피드백하며 자녀

  1부 ● 시간 관리가 아이를 바꾼다

의 에너지를 조절해 줍니다.

• 12~13세

- 고학년은 기한이 있는 과제를 부여받는 일이 많습니다. 그래서 무엇을 언제까지 해야 하고, 어떻게 해야 하는지를 달력에 적어 놓는 연습을 하는 것이 중요합니다.

- 우선순위를 정하는 연습이 필요합니다. 오늘 해야 할 일 중에서 가장 중요한 것과 가장 어려운 것이 무엇인지 인지할 수 있어야 합니다. 이를 위해 색깔 볼펜이나 형광펜을 활용

하는 것을 추천합니다. 중요한 계획은 다른 색깔의 펜이나 형광펜으로 표시해서 눈에 잘 띄게 하면 좋습니다.

- 계획과 함께 힘이 되는 좋은 말, 다짐과 반성을 적으면 도움이 됩니다.

- 그림으로 하루를 표현해 보는 것도 추천합니다.

- 계획을 모두 실행하지 못했거나, 계획 세우는 일을 여러 날 거르더라도 다시 시작할 수 있는 용기를 주어야 합니다.

✅ 성취감 200퍼센트 자극하기

"엄마는 오늘 민수에게 감동했어. 민수가 스스로 해야 할 일을 적고, 그걸 조금이라도 더 지키려고 노력하는 모습이 너무 대견하더라. 이런 모습을 엄마가 민수에게 배워야겠어."

계획대로 했을 때의 성취감을 아이가 만끽할 수 있어야 합니다. 계획의 장점을 아이가 체감할 수 있도록 많이 칭찬해 주세요. 작은 목표에서부터 시작해서 점점 확장해 나가는 아이의 모습을 놓치지 말고 발견해 주세요.

✅ 계획은 유연하게 적용하기

계획을 세웠지만 지키지 못하는 날이 지키는 날보다 많을 수도 있습니다. 그런데 중요한 것은 계획을 세워 보려는 의지입니다. 그러니 계획을 지키지 못했다고 해서 꾸중하는 일은 없어야겠지요.

한편 피치 못할 사정으로 일정이 바뀌어 계획을 지키지 못하게 되는 상황도 있어요. 이럴 때에는 계획을 유연하게 조정하는 경험도 할 수 있게 도와주세요.

시간 관리 연습으로
함께 자라는 우리

 아이가 계획만 세우고, 지키려고 노력하지 않아요. 어떻게 지도 하면 좋을까요?

 이럴 때 중요한 지도 포인트는 계획의 실행과 성취 경험을 연결해 주는 것입니다. 지키지 않았을 때 꾸중하는 것이 아니라 지켰을 때 그 성취감을 자극해 주어야 해요. 지키지 않았을 때 꾸중하면 처음에는 어느 정도 경계심을 가지지만, 몇 번 반복되면 내성이 생겨서 별다른 타격감도 가지지 못하게 된답니다. 일단 작은 목표로 시작하세요. '수학 문제 5개 풀고 끝내기'처럼 하루 할 일 중 하나만 정해서 반드시 완료하도록 합니다. 그리고 목표를 실행했을 때 즉시 인정을 해 주도록 합니다. "수학 문제 5개를 다 풀었어? 계획을 지켰네? 정말 대견해!"라고 체험한 성취감을 강조해 주세요.

많은 부모님께서 "이런 피드백을 해 주었을 때도 저희 아이는 별 반응이 없어요."라고 말씀하십니다. 그런데 확실히 말씀드립니다. 아이의 마음 창고에 성취감이 차곡차곡 쌓이고 있다는 것을요. 별 반응이 없는 것처럼 보이지만, 절대 아니라는 것을요.

평생 자산이 되는
시간 관리 능력

✅ 모두에게 주어진 새하얀 도화지

"5학년이 된 오늘, 여러분은 모두 마음속에 새하얀 도화지를 한 장씩 가졌습니다. 혹시 내 도화지는 이미 더럽혀졌다고 생각하는 친구가 있나요? 걱정하지 마세요. 선생님 눈에는 여러분이 가진 도화지가 모두 새하얗게 보이니까요. 누가 더 특별히 하얗게 보이지도 않고, 누가 더 특별히 거뭇해 보이지도 않아요. 선생님은 오늘 여러분을 처음 봤으니까요. 여러분의 도화지는 모두 깨끗합니다. 여러분은 이제 여러분만이 가진 이 새하얀 도화지에 마음껏 그림을 그릴 수 있어요. 선생님은 누구에게나 공평할 거예요. 그러니까 선생님에게 여러분을 보여 주세요. 여러분의 노력을, 성실함을 보여 주세요. 그러다 보면 여러분의 마음속 도화지가 어느새 알록달록한 작품이 될 거예요.

4학년 때까지 여러분이 어떤 그림을 그렸건 상관없어요. 선생님은 여러분이 바로 오늘부터 그린 그림만 볼 거예요. 여러분이 5학년 4반 교실에서 그려 낼 그림들이 너무 기대됩니다."

제가 초등학교 5학년이 된 첫날, 저희 담임선생님께서 모두에게 들려주신 말씀입니다. 어찌나 감동했는지 집에 와서도 엄마에게 이 이야기를 들려 드렸던 기억이 나요. 누구에게나 공평할 것이라는 말씀, 이제까지 조금 말썽을 피웠던 어린이도 선생님의 눈에는 새로운 하얀 도화지라는 말씀이 너무 멋있었어요.

그래서 저도 매년 아이들을 만나는 첫날에 이 이야기를 들려준답니다. 모두에게 공평한 기회를 주는 선생님이 되겠다고 스스로 다짐하면서요. 제 이야기를 들은 아이들의 얼굴은 새로운 시작이라는 기회에 안도감을 느끼는 표정으로 가득합니다. 우리 선생님은 나의 과거가 어떻든 상관없이 새롭게 바라봐 주시는 분이라는 생각 때문이겠지요. 눈빛을 반짝거리는 아이들도 많습니다. 자기 그림을 알록달록하게 채우고 싶은 마음이 생겼다는 게 제 눈에는 보여요. (그 모습이 얼마나 예쁜지 몰라요!) 교사의 공평한 시선은 아이들에게 자신감을 선물합니다. 참여하려는 마음이 생기게끔 해요.

✅ 똑같은 도화지,
그런데 점차 차이가 나는 이유는?

도화지 이야기를 하니 떠오르는 교실 상황이 또 있습니다. 바로 1학년 교실입니다. 내 얼굴을 그리는 수업 시간이었어요. 아이들에게 공통으로 주어진 것은 새하얀 도화지와 크레용이었습니다. 아, 여기에 중요한 것이 하나 더 추가됩니다. 바로 '시간'입니다.

선생님　지금은 긴바늘이 12에 있어요. 선생님이 긴바늘이 5에 갈 때까지 시간을 줄게요. 여러분은 그때까지 작품을 완성하면 돼요.

아이들　네!

선생님　그럼 시작해 볼까요?

똑같은 재료로 시작했지만 도화지 위에 펼쳐진 모습은 모두 제각각입니다. 눈 밑에 난 점까지 그린 아이, 오늘 입은 옷의 무늬까지 비슷하게 그리려 하는 아이, 눈 그리기가 어렵다며 눈만 쏙 빼고 그린 아이, 전신을 그리고 싶다며 머리끝부터 발끝까지 그린 아이 등 그림의 결이 이렇게나 다릅니다.

재미있는 점이 또 하나 있습니다. 그림 그리는 속도가 모두 다르다는 것입니다. 어떤 아이는 작품을 구상하는 데 시간을 많이 들입니다. 어떤 아이는 구상하는 데 시간을 많이 들이지 않아요. 대신 스케치할 때 시간을 많이 쏟습니다. 스케치보다 채색하는 데 더 많은 시간을 쓰는 아이도 있고요.

그런데 그 어느 것에도 시간을 들이지 않는 아이도 있습니다. 나를 위해 시간을 쏟지 않는 태도. 이것 때문에 처음에는 모두에게 새하얗기만 했던 도화지가 완성도 면에서 큰 차이를 보이는 것입니다.

✅ 성실과 불성실은 한 끗 차이

시간을 들이지 않는다는 것은 다시 말해 노력을 기울이지 않는 것이고, 이것은 곧 불성실한 모습을 도드라지게 합니다. 모두에게

 1부 ● 시간 관리가 아이를 바꾼다

공평하게 주어진 25분입니다. 그런데 5분도 안 되어서 "선생님! 다 그렸어요!"라고 말하는 아이가 있습니다. 충분히 활용했다면 완성도를 한층 높여 줄 20분을 그냥 버린 것이죠. 한편 10분, 15분이 지나도 시작조차 하지 않는 아이도 있습니다.

> **선생님** 민수야, 벌써 시간이 많이 흘렀어. 이제는 정말 시작해야 해. 혹시 어떻게 그려야 할지 잘 모르겠니? 그렇다면 선생님이 조금 도와줄게.
>
> **민수** 아뇨. 할게요.

물론 어떻게 그려야 할지 모르겠기에, 또는 교사의 과제를 잘 이해하지 못했기에 시작하지 못하는 아이들도 더러 있습니다. 그렇지만 교사가 안내한 과제의 내용을 충분히 이해했고 그림 그리는 실력이 전혀 부족하지 않음에도 시간을 들이지 않는 아이도 많습니다.

> **선생님** 민수야, 5분 남았어. 서둘러야 할 것 같아.
>
> **민수** 헉! 네! 빨리할게요! 시간이 왜 이렇게 빨리 가지?

20분을 그냥 흘려보내고 마지막 5분 안에 끝마쳐야 하는 그림의 완성도가 높을 리 없지요. 허겁지겁 그림을 겨우 완성한 아이는 그림의 '제출'에만 초점을 맞춥니다. 능력을 '성장'시키고 '발휘'하는 것에는 큰 관심이 없습니다.

처음 5분만 사용하고 20분을 흘려보내는 아이, 처음 20분을 흘려보내고 마지막 5분만 사용하는 아이 모두 이 자세가 그대로 습관으로 굳지 않도록 조심스럽게 경계해야 합니다. 이러한 모습은 불성실한 태도로 이어질 수 있기 때문입니다.

새 학년을 시작하는 날 모두에게 공평하게 주어진 새하얀 도화지, 공평하게 주어진 시간. 새하얀 도화지를 얼마나 훌륭히 사용하느냐를 결정짓는 것은 무엇일까요? 아이의 지능일까요? 가정의 경제력일까요? 사교육 여부일까요? 전부 아닙니다. 빈 종이에 차곡차곡 쌓는 노력. 그 빠짐없는 시간의 누적이 결정짓습니다. 이는 성실함의 증거입니다.

✅ 시간을 잘 누리는 방법을 가르쳐야 할 때

물론 아이에게 수학 문제를 잘 푸는 기술, 글을 수려하게 쓰는 비법, 그림을 화려하게 그리는 방법, 더 빠르게 달리는 노하우를 알려 줄 수도 있습니다. 그런데 내 시간을 잘 누리는 일이 얼마나 중요한지 알지 못하는 어린이들에게는 자칫 이 모든 것이 '빛 좋은 개살구'가 될 수 있습니다. 앞에서 열거한 기술을 갖췄다고 하더라도 그것을 자기 삶 속에서 꾸준히 유지하는 힘이 필요합니다.

이제는 시간을 잘 누리는 방법을 가르쳐야 할 때입니다. 오늘 달력 앞에서 아이와 함께 우리의 시간을 함께 꾸려 보는 이 작은 경험은 '성실'이라는 평생 자산을 쌓는 초석이 될 것입니다.

시간 관리 연습으로
함께 자라는 우리

Q. 저희 아이는 과제 제출 시간을 넘길까 봐 불안한 마음에, 과하게 서둘러서 빨리 완성하려는 것 같아요.

A. 교실에서도 그런 모습을 보이는 친구들이 있어요. 아직 그 과제를 여러 번 해 보지 못해 그렇습니다. 현관문에서 집을 나서 학교까지 갈 때 얼마의 시간이 걸리는지를 예측하지 못해 아예 학교를 일찍 나서는 어린이는 없죠? 그림을 그리는 데 얼마의 시간이 걸리는지 아이가 예측할 수 있으면, 아이는 그렇게 과하게 서둘러서 작품을 완성하지 않을 거예요.

결국 아이에게 그 과제를 많이 경험하게 해야 해요. 경험의 누적이 답입니다. 특정 분야에서 그런 모습을 보인다면, 아이와 그것과 비슷한 경험을 많이 해 보세요. 아이의 자신감도 함께 자랄 것입니다.

아이의 시간 개념이
부족한 이유

✅ 시계 읽기는 수 개념 형성부터

"아이가 이제 학교에 입학하는데 아직 시계를 못 읽어요. 다른 아이들은 시계 다 읽죠?"

"시계 보는 법 알려 주려고 학습지도 해 봤는데 잘 못 읽어요. 원래 시계 읽는 데 이렇게 오래 걸리는 건가요?"

"초등학교 1학년이면 당연히 시계 볼 줄 알아야 하나요?"

부모 교육을 듣기 위해 강연장을 찾은 학부모님들은 종종 시계 읽는 것에 관한 질문을 하십니다. 일단 시계를 읽으려면 수 개념이 형성되어 있어야 합니다. 적어도 1부터 60까지는 읽을 수 있어야 하죠. 그리고 단순히 1부터 60까지 읽는 것을 뛰어넘어 완전히 익힌 상태여야 가능합니다.

우리 아이의 수 개념을 확인해 보세요

☐ 1부터 60까지 읽을 수 있다.

☐ 60부터 1까지 거꾸로 읽을 수 있다. (일관된 속도를 유지해야
한다.)

☐ 1부터 60까지 10씩 띄어 셀 수 있다.

☐ 60부터 1까지 10씩 띄어 셀 수 있다.

☐ 1부터 60까지 5씩 띄어 셀 수 있다.

☐ 60부터 1까지 5씩 띄어 셀 수 있다.

☐ 짝수를 셀 수 있다.

☐ 홀수를 셀 수 있다.

그렇지만 이 정도의 수 개념은 2022 수학 교육과정 중 초등학교 1학년에 등장합니다. 5~7세의 어린이에게 해당하는 누리 교육과정에는 시계가 나오지 않습니다.

다음은 2022 수학 교육과정 중 1, 2학년의 단원명입니다. 시계 읽기에 해당하는 '시각과 시간'은 2학년 2학기에나 등장합니다. (기존 교육과정이었던 2015 교육과정에서 1학년 2학기에 나오던 것이 1년 뒤로 올라간 것입니다.)

CHECK POINT

1, 2학년 수학 교육과정을 확인해 보세요

1학년 1학기	1학년 2학기
9까지의 수	100까지의 수
여러 가지 모양	덧셈과 뺄셈(1)
덧셈과 뺄셈	모양과 시각
비교하기	덧셈과 뺄셈(2)
50까지의 수	규칙 찾기
	덧셈과 뺄셈(3)

2학년 1학기	2학년 2학기
세 자리 수	네 자리 수
여러 가지 도형	곱셈구구
덧셈과 뺄셈	길이 재기
길이 재기	시각과 시간
분류하기	표와 그래프
곱셈	규칙 찾기

실제로 초등학교에 갓 입학한 아이 중에서 시계를 읽는 어린이
는 많지 않습니다. 시계를 읽지 못하는 아이가 시간 관리 능력을 갖
추기는 어렵겠지요. 그러니 초등학교 입학 시기의 어린이들에게 시
간 관리 능력을 요구하는 것은 성립 자체가 안 되는 일입니다. 시간
은 한 번 지나가면 돌아오지 않는다는 시간 흐름의 일방향성과 시
간의 유한성을 개념적으로 이해하기가 아직은 어려운 나이입니다.

TIP

5~7세에게 시계 읽기를 가르치기 전에

– 아침, 점심, 저녁 같은 시간의 흐름부터 알려 주어야 합니다.

➡ "아침이라 해가 떴네?"

➡ "점심 먹었으니 이제 낮잠 자는 시간이야."

– 오전, 오후의 개념을 알려 주세요.

➡ "하루는 오전과 오후로 나눌 수 있어. 지금은 아침이라 해가
떴지? 오전 시간을 잘 보내 볼까?"

➡ "점심 먹고 나니 오후가 되었어."

✔ 스마트폰과 미디어의 영향

시계를 충분히 읽을 수 있는데도 시간 관리 능력이 부족하다며 걱정하는 학부모님들도 계십니다. 스마트폰과 미디어를 그 원인으로 조심스레 말씀드립니다. 스마트폰이나 TV, 태블릿 PC 등을 이용한 게임이나 동영상 시청은 어린이에게 즉각적인 보상을 선물합니다. '벌써 시간이 이렇게 흘렀어?'라고 체감할 만큼요. '10분만 봐야지.'라고 다짐했던 것이 나도 모르게 1~2시간 동안 지속되어 시간 경과를 체감하지 못하는 경험을 많이 하면, 시간 감각을 체득하는 것에 큰 방해될 수밖에 없습니다.

그래서 스마트폰과 같은 도구를 아이가 사용할 때는 가급적 시간을 정해 놓고 사용하는 편이 더 좋습니다. '한 편만 보자.'나 '한 판만 하자.'는 다음 동영상이나 다음 판으로 연결되기 쉽기 때문입니다. 또 쇼츠, 릴스와 같이 빠른 속도로 재생되는 짧은 영상도 아이들에게는 절대 추천하지 않습니다. 비슷한 내용을 책으로 습득하거나 직접 경험하는 데는 더 긴 시간이 걸릴 수밖에 없는데 쇼츠와 릴스는 이 개념을 흐릿하게 만들거든요.

시간 관리 연습으로
함께 자라는 우리

아이가 시계는 읽을 줄 아는 것 같은데, 긴 시간과 짧은 시간을 구분하는 감각은 부족해 보여요.

아이가 디지털시계를 주로 사용하고 있지는 않나요? 디지털시계를 사용하다 보면, 숫자를 보이는 그대로 읽기만 하면 되니까 시계를 읽을 수 있는 것처럼 보이기도 해요. 그렇지만 시계를 배우고 시간 감각을 익혀야 하는 시기에는 다소 불편하더라도 아날로그시계를 자주 노출해 주는 것이 좋습니다.

특히 아직 아이가 긴 시간과 짧은 시간의 차이를 몸으로 느끼지 못한다면 (예를 들어 5분과 30분이 어느 정도 차이가 나는지를 알지 못한다면) 더욱 아날로그시계로 시간 감각을 깨워 주어야 합니다. 5분이 이루는 각도는 30도이지만, 30분이 이루는 각도는 180도입니다. 30도와 180도는 양적으로도 차이가 있다는 것을 지속해서 느끼다 보면 시간 감각도 자연스럽게 생깁니다.

시간 관리 능력이
메타 인지를 키운다

✔ 초등학생에게
단원 평가 준비란?

초등학교 3학년부터는 초등학생들도 학업 성취를 측정합니다. 중간고사와 기말고사는 없지만 각 과목의 각 영역에 대한 '수행 평가'가 이루어지죠. 특히 수학과 같이 기본을 탄탄히 쌓아야 하는 과목의 경우, 각 단원이 끝나면 '단원 평가'를 시행하기도 합니다. 저도 수학 과목은 매 단원이 끝나면, 단원 평가로 아이들의 성취도를 파악합니다.

단원 평가를 보기 전에는 미리 공지를 합니다. 아이들이 가정에서 충분히 복습할 수 있게요. 미리 준비하고 평가에 임할 때와 평소 실력으로 평가에 임할 때의 차이가 극명하기 때문입니다.

다음은 단원 평가를 미리 준비하는 어린이가 어떻게 효과적으로 공부를 하는지를 보여 주는 공부 선순환 패턴입니다.

• 단원 평가를 미리 준비한다

- 시험 범위를 안다.

- 어떤 문제들이 출제되는지 파악하고 있다.

- 내게 쉬운 영역이 무엇인지 안다.

➡ 쉬운 부분은 많은 시간을 들이지 않는다.

　➡ 수학 자신감 향상

- 내가 어려워하는 것이 무엇인지도 안다.

➡ 자꾸 틀리는 문제를 반복적으로 풀어야 하는 이유를 안다.

　➡ 자꾸 틀리는 문제는 더 오랜 시간을 투자한다.

　　➡ 효과적인 공부

✔ 메타 인지는
결국 시간 관리 능력과 직결된다

시험 범위를 아는 것은 매우 중요합니다. 세상에 시험 범위도 모른 채 학교에 오는 아이가 있냐고요? 네, 안타깝게도 생각보다 많습니다.

또 자신이 잘 푸는 문제가 무엇인지 알고 있다는 점도 의미 있습니다. 잘 푸는 문제는 반복해서 풀 필요가 없기 때문이죠. 그런데 잘 푸는 문제를 정확하게 파악하지 못하는 어린이의 경우, '나 이번 단원에 어느 정도는 자신 있어.'라고 자기 능력을 과대평가하는 경향을 보이게 됩니다. 일명 '더닝 크루거 효과'죠. 더닝 크루거 효과는 능력이 없는 사람이 잘못된 판단을 내려 잘못된 결론에 도달했음에도 능력이 없어 자신의 실수를 알아차리지 못하는 인지 편향 현상을 말합니다.

한편, 자신이 자꾸 틀리는 문제가 무엇인지 인지하는 것도 중요하지요. 많은 어린이가 확실히 이해하지 못했다는 사실을 인정하지 않으려 하거든요. 자존심 상해하기도 하고, '설마 그 문제가 시험에 나오겠어?'라고 회피하는 것이죠. 대신 이미 잘 이해하고 있어서 더 이상 안 풀어도 되는 문제들만 계속 풀어요. 긴 시간을 들였는데 성적은 낮은 아이들이 이런 패턴으로 공부하는 경우가 상당히 많아요. 점수 향상을 위한 공부를 하지 않고, 점수 유지를 위한 공부에만 집중하는 것입니다.

그러므로 효과적인 공부를 위해서는 시험 범위뿐만 아니라 '나'에 대해 알아야 합니다. 어디에 시간을 얼마만큼 쏟아야 하는지를 스스로 진단할 수 있는 어린이가 단원 평가에서 좋은 성적을 거두고, 앞으로의 성적도 향상됩니다. 이것을 두고 '메타 인지'라고 부릅니다. 결국 메타 인지는 시간 관리 능력과 관련되는 것이죠. 시간 관리 능력이 성적과 직결되는 이유입니다.

CHECK POINT

우리 아이의 자기 평가가 정확한지 확인해 보세요

☐ "이번 단원은 자신 있다."고 말할 때, 아이의 예상 점수를 실제 점수나 오답률과 비교해 본 적이 있나요?

☐ 아이가 문제를 틀렸음을 인정하고 다시 풀려고 하나요, 회피하나요?

☐ 잘 아는 문제와 모르는 문제를 구분해서 공부 계획을 세울 수 있나요?

☐ '이미 아는 문제'에만 시간을 많이 쓰는 경향이 있나요?

☐ 새로운 문제 유형을 접했을 때, 겁내지 않고 시도하나요?

1부 ● 시간 관리가 아이를 바꾼다

✅ 시간 관리 능력과 자존감의 관계

선생님 선생님이 낸 과제를 완성하고, 정리까지 모두 마친 사람 있나요?

어린이 저요! 저 방금 다 마쳤어요.

선생님 그렇군요. 그럼 도움이 필요한 친구들에게 가서 도움을 줄 수 있을까요?

어린이 네~!

초등학교 교실에는 도우미 역할을 하는 어린이들이 있습니다. 이 아이들은 듬직한 맏언니, 큰형처럼 시간 안에 자기 할 일을 마치고 친구들을 도와줍니다. 오지랖이 넓은 것과는 또 다른 느낌이죠. 당연히 아이들에게 신망이 두텁습니다.

초등학생 때는 인정 욕구가 큽니다. 다른 사람에게 인정받는다는 느낌은 초등학생에게는 최고의 칭찬이 되지요. 누군가 내 가치를 알아봐 주는 것만큼 보람찬 일이 또 있을까요?

시간 관리 능력은 아이의 자존감에도 영향을 줍니다. 적절히 시간을 관리하는 습관은 높은 성취도로 이어질 뿐만 아니라 잦은 성공 경험을 가져다주니까요. 이는 아이의 자신감을 깊게 뿌리내리게 하고 자기 효능감을 향상시킵니다.

'프로크래스티네이션(procrastination)'이라는 용어가 있습니다. 영어로는 '미루는 버릇', '꾸물거림'을 뜻해요. 단순히 '게으름'과 비슷해 보이지만, 실제로는 할 일을 알고 있으면서도 불편하거나 어렵다는 이유로 미루는 행동을 말합니다. 누군가에게 중요한 연락을 보내야 하는데 계속 미루다가 시간이 다 된 후에 겨우 보내는 것이나, 숙제를 해야 하는데 게임만 하다가 밤이 되어서야 시작하는 것처럼요. 프로크래스티네이션이 반복되면 스트레스와 불안이 쌓이고, 자신감에도 영향을 줍니다.

시간 관리 능력을 갖춘 어린이는 즉흥적이지 않고 여유롭습니다. 시간에 쫓기는 일이 현저히 적기 때문이죠. 프로크래스티네이션을 씩씩하게 극복합니다. 실패에 대한 두려움도 훌훌 털어 냅니다.

선생님　오늘은 독서 감상문을 써 볼 거예요. 모두 다 책 읽었죠?

진아　넵! 저 한 번 읽고, 시간이 남아서 오늘 아침에 한 번 더 읽었어요. 오늘은 줄거리만 정리하면 바로 글 쓸 수 있어요!

선생님　오, 진아는 오늘 글이 잘 써지겠는데?

　　　　　　　　　1부 ● 시간 관리가 아이를 바꾼다

진아　헤헤! 선생님, 그렇다고 너무 기대하시면 안 돼용.

탄탄한 자존감으로 무장된 아이의 모습, 정말 멋지지요? 교사인 저도 배우고 싶은 모습입니다.

✅ 달력으로 시작하는
우리 아이 시간 관리 능력

앞서 말씀드렸듯, 시간 관리 능력은 한 번에 취득할 수 있는 자격증이 아닙니다. 그런데 별 볼 일 없어 보이는 이 달력 한 장이 아이의 시간 관리 능력을 다지는 첫걸음이 됩니다. 일정과 목표를 시각적으로 정리하면서 책임감도 기르고, 자기 결정력도 함께 키울 수 있습니다. 그 과정에서 나 자신을 존중하고 믿는 힘도 더불어 자라날 거예요. 늦지 않았습니다. 지금부터 해 봅시다!

시간 관리 연습으로
함께 자라는 우리

 저희 아이는 매사에 무관심한 모습입니다. 다른 친구들이 굉장히 즐거워하는 일에도 시큰둥한 모습을 보여요. 이런 아이에게 달력 육아가 도움이 될 수 있을지 모르겠습니다. 달력에도 큰 관심을 보이지 않을 것 같아요.

 시간 관리 능력의 핵심은 '기다림'입니다. 지금 무엇을 하고 싶어도 때로는 기다려야 하죠. 이번 주 일요일에 아이와 함께 놀이공원에 가기로 했다고 가정해 볼게요. 달력 육아를 한다면 일정을 달력에 적어 놓겠죠? 기대되는 일정을 달력에 적어 두는 일 자체가 시큰둥한 아이의 마음을 자극할 수 있는 도구가 됩니다. 기다림을 견디고, 그것을 즐기는 경험이 아이의 시들함을 흐릿하게 합니다. 놀이공원에 가는 것처럼 큰 이벤트뿐만 아니라 '자장면 먹으러 가기'나 '목욕탕 가는 날' 등 사소한 일상도 눈에 잘 띄게 달력에 적어 주세요.

자기 삶에 애착이 생기면, 무관심이 옅어질 수 있습니다. 아이가 주인공인 달력을 만들어 주면 분명히 도움이 될 거예요. 자기 삶에 대한 '자기 선택권'과 '자기 결정권'이 지금보다 많아져야 합니다.

7

일기장에 쌓여 가는
아이의 하루

✅ 일기장, 버리지 마세요

우리는 매일을 살아갑니다. 어린아이에게도 시간은 공평합니다. 아이도 매일 같은 시간을 살아갑니다. 하지만 그 시간이 어디로 흘러가는지, 어떻게 쌓이는지는 체감하기 어렵습니다. 아이가 느끼기에 시간은 속도가 없습니다. 있다고 해도 너무 느리다고 생각하겠지요. 우리가 어릴 적에 그렇게 느꼈듯이 말입니다.

하지만 우리는 익히 알고 있잖아요. 하루하루가 그냥 지나가는 것처럼 보이지만, 그 안에는 작은 순간들이 반짝이며 빛나고 있다는 것을요. 그래서 스마트폰 메모리가 가득 차도록 아이들의 사진과 동영상을 찍곤 하죠. 이 순간을 붙잡고 싶어서요.

그런데 순간을 붙잡아 주는 마법 같은 도구가 또 있습니다. 바로 달력과 다이어리입니다.

어린이　저 일기장 다 썼어요. 이제 마지막 장이에요!

선생님　오, 그렇구나. 축하해! 다 쓴 일기장 절대 버리면 안 돼. 알겠지?

어린이　왜요? 그럼 언제 버려요?

다른 숙제는 거의 없는 편인 우리 반이지만, 일주일에 한 편 쓰는 생활문(일기)만큼은 양보할 수 없습니다. 일기장에 쌓인 나의 하루가 담긴 글 중에서, 다른 사람에게 공개할 수 있는 글 한두 편을 골라 학급 문집을 만들 때 활용합니다. 그럼 종종 재미있는 장면을 만날 수 있어요.

선생님　각자 일기장을 살펴보고, 어떤 글을 문집에 실을지 직접 골라 주세요. 서너 편 정도 고르면 선생님이 그중에서 두 편을 골라서 문집에 실을게요. 그럼 일기장 읽는 시간을 줄게요. 일기장 읽기, 시작!

어린이 1 선생님, 내가 썼는데 왜 이렇게 재밌어요?

어린이 2 우아, 우리 3월 첫날에 만났던 거 생각난다. 그날 무지

하게 떨렸는데!

어린이 3 내 일기장 읽어 볼 사람?

어린이 1 나!

아이들이 본인이 쓴 일기를 읽는 재미에 푹 빠졌습니다. 심지어 자기 일기장을 읽어 보라며 친구들에게 흔쾌히 내미는 어린이도 있지요. 나의 지난 기록을 읽어 보면 어떤 날은 힘들어서 투덜댄 흔적을 발견합니다. 또 어떤 날은 반짝이는 웃음이 글자로 새겨져 있어요. 피곤한 나머지 졸음과 싸우며 일기를 써서 꼬불꼬불한 글씨로 쓴 날의 일기도 있을 겁니다.

✅ 일기장을 읽으며 얻는 깨달음

지난 일기장을 넘기면서 아이는 깨닫습니다. '이렇게 지냈구나.', '나 많이 자랐구나.' 하고요. 또 '그땐 그랬지.' 하며 미소 짓기도 해요.

지금 이 순간에도 시간은 흘러가지만 달력과 다이어리, 일기장에 남기는 기록은 그 시간을 그 페이지에 그대로 머물게 합니다. 그래서 아이는 자신의 기록을 읽으며, 자기 삶을 더 성장한 안목으로 바라볼 수 있습니다. 아이는 자신을 스스로 대견해할 줄 압니다. 몇 개월 전의 자기 모습보다 성장한 것을 느낄 수 있으니까요.

이렇게 되면 아이는 자기 삶을 더 소중하게 여길 수 있습니다. 모든 순간이 성장의 순간이고 기회라는 사실을 누가 알려 주지 않아도 알게 됩니다. 어제보다 더 나은 오늘을, 오늘보다 더 빛나는 내일을 꿈꾸며, 아이는 시간을 기록하고 자신의 삶을 그려 갑니다.

✔ 부모님의 일기장을 보여 주세요

아직 일기가 많이 쌓이지 않아서 읽을 기록이 없는 아이들에게 부모님의 일기장을 읽게 하면 도움이 됩니다. 부모님의 일기장을 본다는 건 단순히 몇 문장을 읽는다는 의미가 아니거든요. 그 일기장을 지금까지 보관한 노력 그 자체만으로도 값을 매길 수 있지요. 작은 손으로 일기를 썼던 아이가 우리 엄마로, 우리 아빠로 자라기까지의 시간은 감동적이기까지 합니다.

　　　　　　　　　1부 ● 시간 관리가 아이를 바꾼다

아이에게 그 일기장은 재미있는 책이 됩니다. 엄마의 실수가 담긴 글, 아빠가 할머니에게 꾸중을 듣고 반성하며 쓴 글 등 지금의 내 모습과 사뭇 닮은 과거의 모습이 몹시 반가울 겁니다.

그리고 동시에 기록의 힘을 느낄 거예요. 꾸준한 기록이 얼마나 큰 가치를 담고 있는지를 알게 됩니다.

✅ 하루를 기록하는 아이, 자기 삶을 사랑하는 아이

일기장에 매일 생활문을 적는 일은 현실적으로 어렵죠. 그에 비해 달력이나 다이어리는 부담이 적습니다. 간략히 적었을 뿐이지만 이 짧은 하루의 기록은 훗날 의미 있는 추억으로 읽힙니다.

아이가 아침에 달력을 펼칩니다. 오늘 할 일을 하나씩 적어 내려갑니다. '문제집 한 장 풀기', '친구랑 놀기', '엄마랑 그림책 읽기' 같은 평범한 일들이지만, 아이가 스스로 적는 순간 그것들은 자신과의 약속이 됩니다. 약속을 다 지킨 하루도, 절반만 지킨 하루도 노력이 담긴 소중한 하루의 기록입니다.

시간 관리 연습으로
함께 자라는 우리

Q. 괴로운 기억을 담은 일기도 아이에게 성장의 동력이 되거나 추억이 될 수 있을까요? 마음에 담아 둘까봐 오히려 노파심이 생겨요.

A. 아이에게 괴로운 기억이 생겼을 때, 그것을 일기에 담는 것이 해롭다고 볼 필요는 없습니다. 오히려 일기는 아이가 자신의 감정을 정리하고 이해하는 도구가 될 수 있으니까요. 그 감정을 마주할 수 있는 용기가 있다는 뜻입니다.

괴로운 일 때문에 생긴 스트레스를 글로 토로하면서 푸는 아이도 있어요. 글로 표현하면 '이런 감정을 느꼈구나.' 하고 스스로를 객관적으로 바라볼 수 있어 마음이 한결 가벼워집니다.

안 좋았던 일을 쓰는 것을 싫어하는 아이도 있어요. 그렇지만 글로 풀어내다 보면, 왜 그런 일이 생겼는지, 앞으로 어떻게 대응할 수 있을지 스스로 생각해 볼 수 있습니다. 즉 자기 문제 해결력과 성찰력을 기르는 과정이 됩니다.

무엇보다 좋은 점은, 자신의 성장을 확인할 수 있다는 것입니다. 그 일기를 시간이 지나고 다시 읽어 보게 하세요. 아이는 '그때 힘들었지만 잘 극복했구나.' 하고 스스로의 성장을 확인할 수 있어요.

기다림을
배우는 방법

✔ 자꾸만 몇 밤을
더 자야 하냐고 묻는다

자녀　엄마! 몇 밤 더 자야 내 생일이야?

엄마　어제도 물어봤잖아. 이제 그만 좀 물어봐.

자녀　그래도 궁금해! 몇 밤 더 자야 해?

엄마　너 생일 될 때까지 매일 물어볼 거지?

자녀　궁금하니까…. 몇 밤 더 자야 해? 응? 응?

엄마　음, 대충… 열 밤 정도?

어른들에게는 생일이 다가오는 게 달갑지만은 않잖아요. 그런데 우리 아이들에게 생일이란 1년 중 제일 기다리고 기다리는 날이에요. 하루에도 몇 번씩 물어보기도 합니다. 몇 밤 더 자야 하냐고요.

하지만 체력적으로 힘에 부치는 날에는 이 질문이 반갑지 않습니다. 어제 말한 숫자에서 하루를 빼면 되는 건데 왜 자꾸 묻는 건지 이해가 되지 않기도 해요. 그래서 친절하고 상냥한 대답 대신에 대강 대답해 버리는 겁니다. "대충 열 밤 정도?" 하고 말이죠.

✅ 기다림을 느끼고 준비하게 하는 달력

엄마 벌써 5월 1일이 되었네? 5월 첫날이니까 5월 달력을 채워 볼까?

자녀 내가 제일 좋아하는 5월.

엄마 자, 5일 어린이날도 적고, 8일 어버이날도 적자. 15일 스승의 날도 적자.

우리 집은 매달 1일이 되면 새 달력을 채웁니다. 각자에게 주어진 한 달이라는 시간을 알차게 쓰기 위해 준비하는 것입니다. 어른만큼 빡빡한 일정은 아니겠지만, 아이에게도 나름대로 해내야 하는 일정이 있습니다. 유치원에 다니는 아이들도, 초등학교에 다니는 아이들도 해당 나이에 맞는 일정이 있으니까요. 아이도 아이만의 달력을 가질 수 있습니다.

한 칸 한 칸 채워지는 달력 위에서 아이는 시간이 흐른다는 것, 그리고 그 시간 속에서 자신이 살아가고 있다는 것을 배웁니다.

자녀 5월 7일 금요일에 애견 펜션 가는 걸 제일 먼저 적을래!

엄마 강아지 스티커도 붙여 볼까?

자녀 좋아! 아, 빨리 5월 7일이 되면 좋겠다. 몇 밤 자야 하지?

엄마 세어 보면 되지. 세어 볼까?

자녀 하나~ 둘~ 셋~ 넷~ 다섯~ 여섯~ 일곱! 우아, 일곱 밤 남았네?

생일, 여행 등과 같은 중요한 행사를 달력에 적는 것 자체가 삶에 대한 애착심을 고취할 수 있는 행동입니다. 달력에 적고 기다리는 동안 아이들은 인내를 배웁니다. 기다림의 가치를 깨닫게 되지요.

그냥 가만히 기다리지만은 않습니다. 하루하루 날짜가 다가오는 것을 확인하면서 자연스럽게 그날을 위한 준비를 시작합니다. 애견 펜션에 놀러 가기 위해서는 아프지 말아야겠죠. 감기라도 걸리면 마음껏 즐길 수가 없을 테니까요. 이것 또한 자기 관리입니다. 중요한 이벤트를 위해 자기 자신을 통제할 수도 있어야 해요. 즉흥적인 즐거움보다 기다리는 긴 여정 속에서 성취감을 느끼게 됩니다. 그뿐 아니라 기다림도 배웁니다.

"생일이 아직 열흘이나 남았네."
"다음 주 소풍이 기대돼!"

기대하고 설레고 때로는 아쉬워하면서, 조급해하지 않고 기다릴 줄 아는 마음이 자라납니다.

✅ 계절의 흐름도 느낄 수 있는 달력

어느 달력은 넘기는 순간 다른 계절로 진입하기도 합니다. 10월에서 11월로 달력을 넘기면서 아이와 다음과 같은 대화를 나눌 수도 있습니다.

엄마 11월이야. 이제 겨울이네. 11월에 눈이 올까? 12월이 되어야 눈이 올까?

자녀 올해는 11월에 첫눈이 오면 좋겠다. 엄마, 작년에는 11월에 눈이 왔어?

엄마 글쎄…. 한번 찾아보자. 엄마도 궁금한데?

(인터넷으로 작년 11월 23일에 첫눈이 온 것을 확인)

자녀 올해도 12월이 되기 전에 꼭 첫눈이 오면 좋겠어요!

엄마 그리고 우리, 2024년 겨울보다 2025년 겨울에 더 건강하고 행복하자!

자녀 좋아요!

별것 아닌 평범한 대화처럼 보이죠. 그렇지만 대화를 통해 엄마와 자녀는 자연이 가져다주는 평범한 기쁨을 나누고 있습니다. 매일 비슷한 패턴의 대화와는 매우 다릅니다. 같은 계절이라고 해도 작년의 겨울과 올해의 겨울, 내년의 겨울이 다르지요. 이 계절을 건강과 행복으로 가득 채우고 싶다는 엄마의 소망을 나지막이 공유해 보세요. 달력 한 장으로 가능해집니다.

시간 관리 연습으로
함께 자라는 우리

 부모의 달력을 아이와 함께 쓰는 건 어떨까요? 아이만의 달력을 따로 만들어 주는 것이 좋을까요?

아이만의 달력을 만들어 주는 것이 훨씬 좋습니다. 부모와 아이가 달력을 공유하면 부모가 해야 할 일과 아이가 해야 할 일이 뒤섞이게 되는데요, 그럼 아이가 달력에 적혀 있는 것들을 모두 읽으려 하지 않아요. 자기보다 엄마, 아빠에게 해당하는 일이 훨씬 더 많으니까요. 결국 달력에 대한 애착심도 옅어질 겁니다. 아이만의 달력을 따로 만들어 주는 것을 적극 추천합니다. 그렇다고 부모의 달력을 아이가 보지 못하게 막을 필요는 없습니다. 부모가 중요한 약속이나 일정을 어떻게 계획하는지 아이가 직접 볼 수 있으니 좋아요. 또 엄마가 왜 오늘 바쁜지, 아빠가 언제 집에 올지를 아이가 달력이나 다이어리를 보고 이해할 수 있어요. 이런 이해는 가족을 향한 배려의 마음을 품게 할 수 있답니다. 무엇보다 엄마, 아빠의 모습을 보면서 자연스럽게 '언제 무엇을 해야 하는지 미리 계획하는 것'이 중요하다는 걸 배울 수 있을 거예요.

달력으로 만드는
자기 주도 습관

✅ 배움 공책 효과

코로나 바이러스 때문에 학교 문을 매일 열 수 없었던 때를 기억하시나요? 일주일에 이틀만 대면 등교를 하고, 나머지 사흘은 비대면 등교를 하던 시절이 바로 몇 년 전이었습니다.

교실에서 아이를 직접 마주하면 아이가 지금 놓치고 있는 것이 무엇인지를 교사가 파악하기 쉽습니다. 교사는 표정만 봐도 학생의 이해도를 대강 알 수 있어요. 그런데 비대면 등교를 하는 날이면 화상 채팅 프로그램을 이용해서 아이들을 만나기 때문에 아이의 이해도를 교사가 파악하기 어려웠지요. 학생들 입장에서도 아무래도 수업에 집중하는 것이 대면 수업보다 훨씬 어렵습니다. 조그만 화면을 몇 시간 동안 바라보며 집중하려면 얼마나 힘들겠어요.

그래서 코로나가 유행하던 시절에 전국의 초등학교에서 유행처럼 번진 공책이 하나 있습니다. 바로 '배움 공책'입니다. 배움 공책에는 오늘이 며칠인지를 먼저 적습니다. 몇 교시에 무슨 과목을 배우는지를 미리 쓰고요. 그리고 그 시간에 배운 내용을 요약해서 정리합니다. 대면 수업을 하러 가는 날에 이 배움 공책을 선생님께 제출하는 거죠. 배운 내용을 요약해서 적으려면 아무래도 수업 시간에

날 짜	년 월 일 요일	과 목	/ 교시
단 원 명			
학습 목표			

배움 공책의 형태

　　　　1부 ● 시간 관리가 아이를 바꾼다

집중해야겠죠?

배움 공책의 효과는 놀라웠습니다. 배움 공책 한 장으로 그날의 학습 내용을 정리하니 좋은 점이 참 많더라고요. 아이가 새롭게 알게 된 것, 이미 알고 있던 것, 어려웠던 것을 스스로 정리할 수 있게 되었어요. 무엇보다 오늘은 무슨 과목을 배우는지 스스로 적기 때문에 "선생님! 오늘 3교시는 뭐예요? 5교시는요?"라고 묻는 아이가 많이 줄었습니다.

처음에는 배움 공책 한 장을 채우기 어려워했던 아이들이 나중에는 한눈에 알아보기 쉽게, 깔끔하게 정리했습니다. 놀라운 발전이었지요. 포스트 코로나로 진입하면서 다시 전면 등교를 시행하게 됨에 따라 배움 공책을 쓰는 교실도 많이 사라졌지만, 그 시절 알게 되었습니다. 놀라운 배움 공책의 효과를요!

✅ 작은 손으로 쓰는 커다란 꿈

그렇다고 가정에서 배움 공책을 매일 쓰라고 추천하는 것은 아닙니다. 기록이 부담으로 다가오면 기록 자체를 즐기지 못하거든요. 오히려 엄청난 스트레스로 다가오지요. 스트레스 가득한 과제는 그 어떤 효율도 발휘할 수 없습니다. 가지고 있던 작은 동기마저 사라지게 할 뿐이에요.

이럴 때 달력을 활용해 봅시다. 아이와 함께 달력에 계획을 세워 적어 보는 겁니다.

엄마 이번 달에는 어떤 목표를 정해 볼까?

자녀 음…. 그림책 매일 읽기!

엄마 매일? 매일 읽기… 할 수 있을까?

자녀 그러면 일주일에 5일 읽는 걸로 할까?

엄마 좋아! 너무 빡빡하게 세우면 좀 힘들지도 모르니까. 딱 적당한 것 같네. 이제 적어 볼까?

자녀 네!

너무 많은 과제를 목표로 정하고 적는 것보다는, 아이의 나이에 맞게 도전할 만한 과제를 하나씩 정해 보는 거예요. 목표를 하나씩 이루다가 이것이 습관이 되거나 이제는 굳이 목표로 적을 필요 없는 일반적인 일이 되었을 때는 어떻게 할까요? 다른 목표를 추가하거나 삭제해도 됩니다.

다음은 여섯 살 어린이의 달력입니다. 약속을 지킨 날에는 동그

라미를 치고 계획을 이루지 못한 날에는 과감히 X 표시를 합니다.

일요일	월요일	화요일	수요일	목요일	금요일	토요일
1 그림책 한 권	2 그림책 한 권 치과 가는 날	3 그림책 한 권	4 그림책 한 권 체육복 입는 날	5 그림책 한 권	6 그림책 한 권	7 그림책 한 권 민지 생일 파티

　다음 달력을 보세요. 다음 주에는 목표가 바뀌었습니다. 아직 집중력이 짧은 어린이들에게는 한 달 목표를 세우는 것이 무리일 수 있습니다. 그럴 때는 이렇게 한 주마다 목표를 바꿔도 좋습니다. 아니면 두 가지 목표를 격주로 번갈아 가면서 적어도 됩니다.

일요일	월요일	화요일	수요일	목요일	금요일	토요일
1 그림책 한 권	2 그림책 한 권 치과 가는 날	3 그림책 한 권	4 그림책 한 권 체육복 입는 날	5 그림책 한 권	6 그림책 한 권	7 그림책 한 권 민지 생일 파티
8 줄넘기 10분	9 줄넘기 10분 김장하는 날	10 줄넘기 10분	11 줄넘기 10분 체육복 입는 날	12 줄넘기 10분	13 줄넘기 10분	14 줄넘기 10분

“이번 주에는 운동을 하루에 10분씩 해 볼까?”

처음에는 목표를 스스로 정하기 어렵습니다. 엄마, 아빠가 도와 줘야 하죠. 하지만 점점 자기 힘으로 계획을 세우고 시간을 조절하는 법을 배웁니다. 따라서 스스로 계획 세우기를 지속할 수 있도록 꾸준히 격려해 주시면 됩니다.

아이는 목표를 이루었을 때 그 뿌듯함을 마음에 새깁니다. 누가 칭찬해 주지 않아도 스스로 칭찬할 줄 알게 되어요. 이런 즐거움은 다른 사람이 줄 수 있는 것이 아닙니다. 내가 나에게 선물하는 즐거움이죠. 그래서 더욱 소중하고 귀한 감정입니다.

“내가 다 해냈어!”

성취의 기쁨을 아는 아이는 자기 자신을 더 믿게 됩니다.

시간 관리 연습으로
함께 자라는 우리

 계획을 지키지 못했을 때 X 표시를 하는 걸로 아이가 스트레스를 받으며 울기까지 합니다. 이럴 때는 어떻게 하면 좋을까요?

실패를 두려워하는 어린이의 전형적인 특징이랍니다. 꽤 많은 아이가 그래요. 실패는 불쾌하고 성공은 유쾌해요. 그러니 누구나 실패를 피하고 싶고, 성공은 빨리 이루고 싶어 합니다. 어린이에게만 해당하는 이야기는 아니죠. 실패를 좋아하는 어른이 있을까요? 그렇지만 실패는 성공을 위한 필수 조건입니다. 성공하기 위해서 얼마의 실패는 감내해야 해요.

그 모습을 부모님이 기꺼이 시범으로 보여 주세요. 부모님도 달력에 목표를 적고, 함께 해 보는 거죠. 예를 들어서 '매일 운동 20분'이라는 목표를 썼다고 가정해 봅시다. 어느 날은 성공하겠지만 어느 날은 실패할 거예요. 매일 하는 게 어디 쉬운 일인가요. 그럼 기꺼이 X 표시를 하는 겁니다. 그 이후가 중요합니다. 망쳤다고 낙담하는 모습이 아니라, 망쳤으니 그냥 손 놓는 모습이 아니라, 오늘은 놓쳤지만 내일은 또 도전하는 모습을 보여 주세요. 다른 어떤 것보다 중요한 거울 교육이 될 거예요.

10

아이를 부단하게 만들어 주는 달력

✅ 우리 반 독서 달력

(아침 8시 45분, 교실)

선생님 '아침 독서 15분'을 할 시간이에요. 1교시 시작하기 전까지 모두 조용히 자기만의 독서 시간을 가져 봐요.

어린이 1 네!

어린이 2 선생님, 책 읽는 거 말고 다른 거 하면 안 되나요? 조용히 하고요.

선생님 물론 되죠. 다만 보석 스티커는 붙일 수 없는 거 알죠?

(15분 뒤)

선생님　아침 독서를 15분간 한 친구들은 달력에 보석 스티커를 붙여 주세요.

어린이 1　이번 달에는 스티커 많이 모았다!

우리 반의 아침 풍경입니다. '아침 독서 15분'이라는 미션에 성공한 어린이는 달력에 보석 스티커를 붙일 수 있지요. 물론 다른 친구들에게 방해되는 행동이 아니라면, 책 읽기 말고 문제집 풀기나 종이접기, 그림 그리기 등 다른 활동을 해도 됩니다. 스티커는 받지 못

2025년 5월 독서 달력

일요일	월요일	화요일	수요일	목요일	금요일	토요일
				1 🍀	2 🍀	3
4	5	6	7	8 🍀	9 🍀	10 🍀
11 🍀	12	13 🍀	14 🍀	15	16 🍀	17
18	19 🍀	20	21	22 🍀	23 🍀	24
25	26	27 🍀	28 🍀	29 🍀	30	31 🍀

우리 반 독서 달력

하지만요.

한 달이 지나면 결과를 결산합니다. 15분씩 16일을 읽은 지난 5월에는 240분간 아침에 책을 읽으며 마음의 양식을 쌓은 셈이네요. 달력 한 장으로 나의 노력을 이렇게 눈으로 확인할 수 있습니다. 이 달력은 아이들에게 그 자체로 큰 동기 부여가 됩니다. 적절히 보상해 주면 더욱 박차를 가할 수 있어요.

독서 달력은 학교에서만 활용할 수 있는 것이 아닙니다. 가정에서도 충분히 활용할 수 있어요. 독서 습관을 잡는 데 이만큼 좋은 것이 없답니다. 특히 연령이 낮은 아이라면, 아이가 직접 스티커를 붙이거나 색칠하며 기록하게 해 보세요. 독서가 더 재미있는 놀이처럼 느껴질 수 있어요.

✅ 고스란히 보이는 성장의 흔적

선생님 우리 지우가 한 달 동안 열심히 노력한 게 눈으로 보이네.

지우 헤헤, 고맙습니다!

선생님 지우가 스티커를 한 장씩 붙일 때마다 이전보다 조금씩 발전한 거야. 단단하고 똑똑해졌고. 한 달 동안 수고 많았어요! 선생님이 칭찬해요.

지우 선생님, 고맙습니다!

이 대화처럼 양육자나 교사가 아이의 꾸준한 노력을 콕 집어서 칭찬해 주는 것은 긍정적인 효과를 가져다줍니다. 아이가 이전과 확연히 달라졌음에 충분히 감동해 주세요. 나의 노력에 감탄해 주는 누군가의 모습이 또 다른 동기부여가 될 거예요.

매일 독서 달력을 펼치면, 어제까지의 흔적이 고스란히 남아 있어요. 한 장, 두 장 쌓인 독서 달력이 아이에게 말해 줍니다. "여기까지 오느라 고생했어. 너는 앞으로도 잘할 수 있어!"라고요. 포기하고 싶을 때 나를 다시 일으켜 세우는 건 과거의 나 자신이니까요.

제가 좋아하는 형용사가 하나 있습니다. 바로 "꾸준하게 잇대어 끊임이 없다."라는 뜻을 가진 '부단하다'입니다. 많은 사람이 결과보다는 과정이 중요하다고 말합니다. 부단한 노력이 함께하는 과정은 좋은 결과로 이어지겠지요. 좋은 결과가 아니라고 해도 후회는 하지 않을 겁니다. 부단히 노력했으니까요. 꾸준하게 잇대어 끊임없는 나. 나의 부단한 노력을 증명하는 달력. 달력의 힘은 큽니다.

아이의 부단한 노력을 칭찬하는 말

- ☐ "너는 정말 끈기 있어. 매일 조금씩이라도 노력하더라!"
- ☐ "많이보다는 조금씩 계속하는 게 중요한데, 그걸 해내고 있네!"
- ☐ "꾸준히 하다 보니까 점점 더 잘하네?"
- ☐ "어제보다 오늘 더 나아지는 우리 아들(딸)!"
- ☐ "네가 얼마나 성실한지 이 달력이 보여 주고 있어!"
- ☐ "게을러질 법도 한데 다시 꾸준함을 회복한 게 정말 대단해!"
- ☐ "우리 아들(딸)이 하루하루 노력하는 모습은 정말 감동이야."
- ☐ "너의 노력은 헛되지 않을 거야. 네 안에 다 쌓이고 있어."
- ☐ "포기하지 않고 계속하는 게 진짜 실력이다!"
- ☐ "이번 달도 해냈잖아!"
- ☐ "너는 마음이 강한 아이구나."
- ☐ "잘했는지보다 끝까지 하는 게 중요한데, 부단한 노력이 눈에 보여."
- ☐ "네가 매일 노력한 덕분이야."

시간 관리 연습으로
함께 자라는 우리

 독서 달력을 해 보고 싶은데 아이가 보상에 지나치게 집중할까 봐 걱정돼요.

괜찮습니다. 다만 조금 주의하면 더 효과적이겠죠. 보상은 아이에게 동기부여를 하는 데 도움이 되지만, 보상 자체에만 집중하면 독서의 즐거움이나 학습의 의미를 놓칠 수 있으니까요.

저는 보상할 때 '돈'으로는 하지 말 것을 강력히 권합니다. 돈으로 보상을 하면 아이가 행동의 가치를 금전으로만 판단하게 될 수 있어요. 특히 독서와 공부 같은 내적 동기가 중요한 활동에서는 습관 형성을 방해할 수 있으니 주의해야 해요. 금전적인 보상 대신 재밌는 놀이, 가족과의 시간 같은 보상을 활용하는 것이 훨씬 좋습니다. 돈이 아닌 작은 성취의 표시가 오히려 아이의 동기를 오래 지속시킨다는 점을 명심하세요.

결국 중요한 것은 우리는 아이 스스로 재미와 의미를 느끼며 성장할 수 있도록 돕는 존재라는 사실입니다. 보상은 촉진제 정도로만 사용하고, 즐거움과 성취감이 중심이 되도록 하면 걱정하시는 일은 생기지 않을 거예요.

달력으로 시작하는 시간 관리 연습

새로운 시작을 앞두고 긴장하는 어린이에게 필요한 것은 무엇일까요?

최고의 처방은 '미래를 준비하는 노력'이라고 생각합니다. '유비무환(有備無患)'이라는 말이 있죠. 미리 준비되어 있으면 걱정할 것이 없다. 즉 준비할수록 근심은 사라진다는 말입니다. 미래를 향해 충분히 준비할수록 아이의 마음이 편안해집니다. 우리는 그 준비를 도와줘야 하고요.

달력은 편안한 현재가 제대로 유지되고 있음을 보여 주며, 동시에 다가올 미래를 대비하게 해 주는 훌륭한 도구입니다.

유아기(만 3~5세): 아이와 함께 달력 만들기

✅ 내 손으로 만드는 달력

아직 한글을 읽지 못하는 만 3세는 처음부터 서두르지 말고 천천히 접근해 보도록 합니다. 일단 사용할 달력의 크기가 크면 클수록 좋습니다. 아이가 해당 날짜에 충분히 끄적일 수 있도록 공간을 마련해 주는 것이죠. 전지 크기의 넓은 종이를 준비합니다. 마트에서 A0 규격의 큰 종이를 판매하니 쉽게 구할 수 있어요. 이 종이를 여러 장 준비해 두면 집에서 유용하게 활용이 가능해요.

그럼 제가 실제로 아이와 달력을 만드는 과정을 소개해 볼게요.

① 바닥에 A0 규격의 큰 종이를 펼쳐 놓습니다.

　- 종이가 바닥에 고정될 수 있도록 네 귀퉁이를 마스킹 테이프로 붙여 주면 종이가 쉽게 구겨지지 않습니다.

② 왼쪽 상단에 점 하나(A)를 찍고, 왼쪽 하단에 점 하나(B)를 찍어 줍니다.

③ A에서 출발해 B에 도착하는 긴 선을 긋게 합니다.

　- 아이가 처음부터 반듯한 직선을 긋기는 힘듭니다. 그러나 시작점과 도착점만 알려 줘도 얼추 직선과 비슷한 선을 그을 수 있습니다.

④ 오른쪽 상단에 점 하나(C)를 찍어 줍니다.

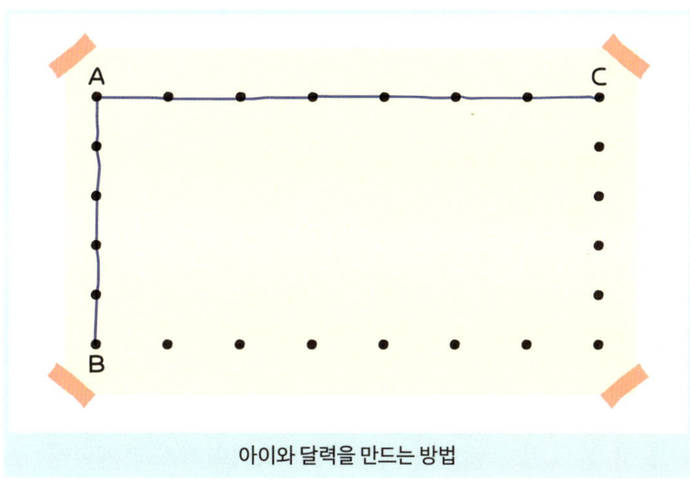

아이와 달력을 만드는 방법

⑤ A에서 출발해 C에 도착하는 긴 선을 긋게 합니다.

⑥ ②~⑤를 응용해 달력이 완성될 수 있도록 격자무늬의 표를 만들어 봅니다.

⑦ 달력 완성!

"처음에는 그냥 하얗기만 한 큰 종이였는데 이렇게 멋진 표를 만든 거야? 대단해! 정말 잘 그렸다!"

아이들은 자기 손으로 이렇게 커다란 표를 만들었다는 사실 자체에 큰 보람을 느낍니다. 놓치지 말고 칭찬해 줘야 해요. 작은 경험에서 자기 효능감을 수시로 느끼는 어린이가 무엇이든 해 보려고 시도하는 아이로 성장할 수 있습니다.

✅ 요일 개념부터 시작해요

어린이집이나 유치원에 가면 하루를 여는 아침 인사로 하는 것이 있습니다. '요일 노래 부르기'인데요, 아마 이 책을 읽는 여러분의 자녀도 잘 알고 있을 것 같습니다. 교사와 어린이가 함께 마주 보고,

손 유희를 하면서 노래를 부릅니다. <반짝반짝 작은 별> 노랫가락
에 맞춰서 다음 가사를 읊어 보면 요일 노래가 무엇인지 감이 오실
거예요.

월요일에는 머리를, 화요일에는 어깨를, 수요일에는 가슴을, 목
요일에는 배를, 금요일에는 엉덩이를, 토요일에는 허벅지를, 일요일
에는 무릎을 치며 부른답니다. 초등학교 1학년 교실에서도 자주 볼
수 있는 풍경이에요. 가사를 바꿔서 다음과 같이 부르기도 합니다.

월화수목금토일

오늘은 즐거운 월요일

어제는 즐거웠던 일요일

내일은 즐거울 화요일

월화수목금토일

오늘은 즐거운 월요일

어린이집 선생님 덕분에, 가끔은 어린아이가 웬만한 어른보다 요일 개념이 더 좋기도 합니다. 가정에서도 요일 개념을 함께 지도하면, 아이의 요일 감각이 훨씬 더 빠르게 자리 잡습니다.

✅ 색깔로 접근하는 요일 감각

직접 만든 달력에 요일과 날짜를 적어야겠죠? 아직 한글을 읽지 못하는 시기이므로 '월요일, 화요일, 수요일, 목요일, 금요일, 토요일, 일요일'을 시각적으로 더 쉽게 보여 주어야 합니다. 이때 색종이와 스티커를 이용하면 좋습니다.

① 빨간색, 주황색, 노란색, 초록색, 파란색, 남색, 보라색. 이렇게 일곱 가지의 색종이를 준비하세요.

② 각각의 색종이에 월요일부터 일요일까지 적어 줍니다. (두꺼운

매직을 이용해서 시각적으로 눈에 잘 띄게 써 주세요.)

③ 각각의 요일을 달력 상단부에 붙이게 합니다.

④ 무지갯빛 색종이의 나열을 느껴 보게 합니다.

일요일	월요일	화요일	수요일	목요일	금요일	토요일
				1	2	3
4	5	6	7	8	9	10
11	12	13	14	15	16	17
18	19	20	21	22	23	24
25	26	27	28	29	30	31

색깔로 접근하는 요일 감각

TIP

글자에 대한 호기심 자극하기

엄마　민수야, 엄마가 색종이에 쓴 글자를 보면 똑같은 글자가 두

개 있어. 그게 어떤 글자인지 손으로 짚어 볼 수 있을까?

민수　('요'와 '일'을 짚으며) 이거랑 이거!

엄마   오, 맞았어. 눈썰미가 보통이 아닌데? 대단해! 이 글자가 '요',
      이 글자가 '일'이야. 합쳐서 읽으면?

민수   요, 일?

엄마   맞았어! 요일. 그래서 이건 월요일, 이건 화요일, 이건 수요
      일, 이건 목요일, 이건 금요일, 이건 토요일, 이건 일요일인
      거야. 나중에 우리 민수도 다 읽을 수 있어! 눈썰미가 좋은 걸
      보니 한글도 금방 배우겠는데?

달력을 직접 만들면서 이러한 대화를 나누면 본격적으로 한글을 배
우기 전 호기심이 자랄 거예요.

✅ 라벨 스티커를 활용해서 키우는 숫자 감각

달력에 빠질 수 없는 것이 숫자입니다. 만 3세의 어린이라면 5,
6 정도의 수 개념까지는 생활 속에서 어렵지 않게 익힙니다. 그러
나 그 이상의 숫자는 어렵게 느끼기도 합니다. 숫자에 밝은 아이들
은 만 3세에도 20, 30까지 곧잘 세기도 합니다. 그렇지만 보통의 만
3세는 7과 8, 8과 9를 자기 마음대로 만들어서 말하곤 해요. 그래

서 달력으로 숫자를 시각적으로 노출해 주는 것이 도움이 많이 됩니다.

① 원형 라벨지를 준비합니다. (사이즈가 다양합니다. 아이의 나이에 맞게 스티커의 크기를 선택하세요. 반드시 원형이 아니어도 됩니다. 다양한 라벨지가 있으니 자유롭게 선택하세요.)

② 라벨지에 아이가 쓸 수 있는 만큼의 숫자를 씁니다.

③ 숫자가 적힌 스티커를 붙이면서 한 번 더 1부터 30(31)까지 숫자를 읽으며 익히게 합니다.

④ 대형 달력 완성!

✐ T I P

자연스럽게 숫자 익히기

엄마 우리 민수가 1부터 10까지 너무 잘 썼네? 이제 엄마가 앞자리를 먼저 쓸 테니까 민수가 그 뒤에 1부터 숫자를 써 주는 거야. 어때?

민수 어떻게?

(엄마가 1을 쓰고, 그 옆에 민수가 1을 쓰며)

엄마 그렇지! 합치면? 11!

(엄마가 1을 쓰고, 그 옆에 민수가 2를 쓰며)

✔ 활용하는 방법도
아이 스타일에 맞게

이렇게 해서 아이가 직접 만든 달력이 완성되었습니다. 이 달력을 활용하는 방법은 매우 다양합니다. 우리 아이에게 적용해 볼 만한 방법을 선택하거나, 주기적으로 변화를 주며 활용해 보세요.

• 색깔 스티커 활용하기

① 서로 다른 일곱 개의 색깔 스티커를 준비합니다.

② 아침에 일어나자마자, 또는 아침 식사를 하기 전이나 유치원에 등원하기 전에 해당 요일에 스티커를 붙입니다.

③ 새로운 하루가 시작되었다는 인식을 아이에게 심어 줍
니다.

• **색종이 오려 붙이기**

① 서로 다른 일곱 개의 색종이를 준비합니다.

② 아침에 일어나자마자, 또는 아침 식사를 하기 전이나 유치
원에 등원하기 전에 해당 요일에 색종이를 오려 붙입니다.

③ 동그라미, 세모, 긴 네모, 짧은 네모, 하트, 별 등의 모양으
로 자유롭게 오려 보아요. (시중에 나와 있는 '종이 오리기'와 관련
된 책을 활용할 수도 있습니다.)

④ 달력에 붙여진 색종이의 개수를 통해 자연스럽게 시간의
흐름을 파악하게 됩니다.

• **색칠하기**

- 색연필이나 크레파스로 해당 날짜에 색을 칠하거나 무늬를
그려 넣습니다.

• **스탬프 찍기**

- 하트, 별 등 모양 스탬프를 활용해 해당 날짜에 도장을 찍는

활동도 좋아요. 또한 '사랑해', '파이팅' 등 문구가 담긴 스탬프를 활용하면 색다른 느낌을 줄 수 있습니다.

• **하루 기분 표정으로 그리기**

- 유치원에 등원하기 전 오늘의 기분을 표정으로 그려 넣는 활동을 해 볼 수도 있습니다. 자신의 컨디션을 스스로 살피고 자기 관리 능력을 키우는 데에 도움이 됩니다.

• **오늘의 날씨 표현하기**

- 날씨를 간단하게 표현해 보는 활동도 추천합니다. 해님, 구름, 비, 눈, 바람, 춥다, 덥다 등 날씨를 나타내는 다양한 그림으로 표현해도 좋고, 시중에 판매하는 스티커를 활용해도 괜찮습니다.

시간 관리 연습으로
함께 자라는 우리

저는 칭찬이 어색한 양육자입니다. 어떻게 해야 자연스럽게 칭찬할 수 있을까요?

칭찬은 어려운 일이 맞습니다. 어색할 수밖에요. 칭찬이 어색해도 걱정하지 않으셔도 돼요. 조금씩 연습하면 충분히 자연스러워질 수 있어요. 중요한 건 어색하더라도 일단 '하는 것'입니다.

작은 것부터 시작해 보세요. "책을 다 읽었구나!", "양치 잘했네?"처럼 아주 사소한 행동부터요. 구체적인 행동일수록 말하기가 훨씬 쉽습니다.

관찰한 그대로 말하세요. 여러분의 판단이나 평가를 섞지 마세요. 아주 담백하게 "우아! 오늘 숙제를 다 끝냈네?"처럼 사실을 그대로 표현하면 어색함을 줄일 수 있어요.

몸짓과 표정 활용해 보는 건 어떨까요? 가끔은 "좋다!"라고 짧게 말하고 엄지손가락을 척 들어 올리는 것만으로도 충분할 수 있답니다.

칭찬에 익숙해지는 그날까지, 여러분의 노력을 칭찬합니다!

취학 준비기(만 6~7세):
놀이로 생활 습관 키우기

✔ 마무리와 도약이 교차하는 시기

엄마　민지야, 너는 초등학생 되는 거 어때? 빨리 되고 싶지 않아?

민지　좋긴 한데… 지금이 더 좋아. 우리 선생님이랑 친구들이랑

　　　　헤어지기도 싫고. 나만 혼자 친구 없을까 봐 걱정돼….

엄마　(우리 민지는 숫기가 너무 없어서 걱정이야.)

취학 준비기는 아이가 학교라는 새로운 환경에 적응하기 위해
준비하는 중요한 시기입니다. 자신이 몸담고 있는 어린이집이나 유

치원에서 최고 형님 자리에 오르는 때이기도 하고요. 마무리하는 시점인 동시에 도약해야 하는 단계입니다. 어린이에게는 이래저래 부담스러운 기간일 수 있어요. 물론 유치원 졸업, 초등학교 입학이라는 큰 이벤트를 앞두고 축하를 많이 받아 설레기도 하겠지만요. 그만큼 많은 긴장이 동반되는 때입니다.

새로운 환경에 적응해야 하는 것을 미리 걱정하는 어린이들도 생각보다 적지 않습니다. 지금의 내 모습에 충분히 만족하고 있고 안정감을 느끼기 때문에 이것을 망가뜨리고 싶지 않은 마음일 겁니다. 아이의 이런 마음을 걱정하는 부모님도 상당히 많습니다. 새로운 시작을 앞두고 긴장하는 어린이에게 필요한 것은 무엇일까요?

최고의 처방은 '미래를 준비하는 노력'이라고 생각합니다. '유비무환(有備無患)'이라는 말이 있죠. 미리 준비되어 있으면 걱정할 것이 없다. 즉 준비할수록 근심은 사라진다는 말입니다. 미래를 향해 충분히 준비할수록 아이의 마음이 편안해집니다. 우리는 그 준비를 도와줘야 하고요.

달력은 편안한 현재가 제대로 유지되고 있음을 보여 주며, 동시에 다가올 미래를 대비하게 해 주는 훌륭한 도구입니다.

☑ 생활 습관을 정착시킬 수 있는
최고의 타이밍

엄마　지윤아, 아침에 일어나면 잠옷 벗어서 잘 정리하라고 엄마
　　　가 매일 말하는데 왜 안 해?

지윤　까먹었어요.

엄마　어떻게 매일 까먹어?

지윤　내일부터는 할게요. 진짜로!

설명해 주지 않아도, 시키지 않아도 알아서 잘해 주면 얼마나 좋을까요? 하지만 알려 줘도 잘하지 못해요. 우리 아이들, 사실 아직 많이 어리거든요. 하나부터 열까지 양육자의 손길이 많이 필요합니다. 이렇게 아직도 빈틈이 많고 부족함이 많이 보이는데 학교에 갈 나이가 되었어요. 양육자의 마음은 자꾸만 조급해집니다.

초등학교 1학년 생활이 정말 중요한 이유는, 기본적인 생활 습관을 바로 세울 최고의 타이밍이기 때문입니다. 공간적인 환경이 바뀌고, 함께하는 친구가 달라지는 바로 이때 아이들의 마음가짐도 변화할 수 있습니다. 기존에 잘못 들인 좋지 않던 버릇이 이 시기에 바로잡아지기도 합니다.

엄마 초등학교 가더니 우리 지윤이가 정리하는 습관이 좋아진
　　　것 같아.

지윤 헤헤. 선생님이 이렇게 정리하라고 하셨어요!

엄마 어머나, 멋지네!

새로운 마음으로 시작하는 시기. 아이의 새로운 출발을 깨끗한
새 달력으로 응원해 주세요.

✅ 주간 학습 계획표, 그냥 버리시나요?

일부 어린이집, 유치원, 초등학교에서는 매주 금요일 '주간 학습
계획표'라는 것이 배부됩니다. 다음 주에 배울 학습 내용과 준비물,
각종 공지 사항이 적혀 있는 안내문이라고 할 수 있습니다. 그런데
많은 부모님이 이를 단순한 안내문으로만 여기고 무심코 버리시거
나, 훑어보고 잊곤 하십니다. 냉장고에 붙여 놓았다가 그대로 분리
수거장으로 보내는 경우가 많은데, 주간 학습 계획표를 잘 활용하
면 아이의 시간 관리 습관을 키울 수 있답니다.

• 주간 학습 계획표 함께 읽고, 중요한 일정 옮겨 쓰기

① 아이에게 주간 학습 계획표를 직접 살펴보게 하고 가장 중요한 활동이 무엇인지, 가장 기대되는 활동이 무엇인지 물어봅니다.

엄마 민지가 제일 기대되는 요일은 무슨 요일이야?

민지 나는 수요일이 제일 기대돼!

엄마 왜?

민지 수요일 놀이 체육 시간에 '실내 하키' 한다고 쓰여 있는데, 이게 뭔지 너무 궁금해서!

② 달력에 중요한 활동은 옮겨 적게 합니다.

③ 그 활동에 필요한 준비물도 떠올려 보고 달력에 적어 놓습니다.

엄마 그럼 수요일에 치마 입으면 안 되겠네?

민지 체육복 입어야지.

엄마 수요일에 '체육복 입기'라고도 적자. 엄마도 미리 체육복 빨아 둬야겠어.

- **주간 학습 계획표 함께 읽고, 기한 살피기**

  - 유치원, 초등학교에서는 언제까지 무엇을 제출해야 한다는 공지가 은근히 많습니다. 이를 놓치는 횟수가 잦아지면 아이에 대한 신뢰도가 떨어집니다. 여기서 신뢰도란, 다른 사람들이 '이 아이는 맡은 일을 잘 지킬 수 있다.'라고 생각하는 정도를 말합니다. 아이가 약속이나 제출물 기한을 꾸준히 지키면 선생님과 친구들에게 신뢰감을 얻을 수 있어요. 반대로 자주 놓치면 '다음에도 또 안 가지고 오겠지? 다음에도 그러겠지?'라는 의심이 생겨 신뢰도가 낮아집니다. 낮은 신뢰도는 자신감을 떨어뜨립니다. 공적인 약속인 만큼, 기한이 있는 과제를 해야 하거나 제출물이 있는 경우 달력에 옮겨 적는 습관을 기르도록 합니다.

엄마   다음 주에 제출해야 하는 숙제나 준비물은 없어?

민지   다음 주 목요일까지 내가 제일 좋아하는 동화책 가져가야 해.

엄마   그렇구나! 그럼 목요일 칸에 적어야겠다. 뭐라고 적을까?

민지   '책 가져가기'라고 적을까?

 그래, 그게 좋겠네.

✅ 달력은 아이가 잘 보는 곳에!

달력은 아이의 시선이 자주 닿아야 하는 물건입니다. 양육자가 보는 것이 아니라는 점을 기억해 주세요. 아이의 눈에 띄는 곳에, 아이가 좀 더 쉽게 볼 수 있는 위치에 있어야겠지요. 그래서 아이의 시선과 동선을 가장 고려해야 합니다. 아이의 방이 있다면 방에 붙여 주는 것도 좋습니다. 너무 높은 위치가 아닌 낮은 위치에 붙여 주도록 합니다. 예정되었던 일정이 바뀌었을 때나 새로운 활동이 생겨서 추가해야 할 때 아이가 직접 수정할 수 있도록요.

아빠 우리 민지 좋겠다!

민지 왜요?

아빠 다음 주에 학교에서 소풍 가잖아.

민지 어떻게 알았어요?

아빠 민지가 달력에 적어 놓은 거 봤지!

냉장고나 거실 벽에 붙이면 가족 모두가 아이의 일정을 확인할
수 있어요. 이때는 일정 공유가 쉽다는 장점이 있지요. 가족 모두가
아이의 일상에 관심을 기울일 수 있어서 식탁에서 나누는 대화도
풍성해진답니다.

CHECK POINT

날짜를 물어봐 주세요

아이가 날짜 개념을 익힐 수 있도록 이따금 날짜를 물어봐 주세요.
잘못 알고 있던 척 아이에게 물어보고, 아이가 달력을 보고 대답할
수 있게 기회를 주는 거지요.

엄마 오늘 몇 월 며칠이더라?

자녀 오늘 3월 15일이잖아!

엄마 어떻게 그렇게 빨리 알았어?

자녀 어제가 14일이었으니까. 그리고 달력 보면 되지요.

아빠 오늘이 벌써 금요일인가?

자녀 아, 아닐걸? 오늘 목요일일걸요?

아빠 그런가?

자녀 아빠, 이거 봐요. 오늘 목요일 맞아요.

앞서 새로운 환경 변화 때문에 긴장하는 아이도 있다고 말씀드렸지요. 미래를 위한 견고한 준비가 제일 좋은 처방 약이라고도요. '견고한 준비'라고 하니 다소 거창해 보이지만, 사실은 거창하지 않아야 합니다. 시작하기도 전에 지칠 수 있기 때문이지요. 그러니 준비가 너무 부담스러운 수준이어서는 안 됩니다.

아직 겪어 보지 못한 경험을 미리 할 수 있는 최고의 방법이 있습니다. 바로 책을 읽는 것입니다. 책을 통한 간접 경험은 아이가 학교생활을 미리 익히고 긍정적인 기대를 하게 하는 데 도움이 됩니다. 학교에서 어떤 생활을 하게 되는지, 어떻게 친구를 사귀는지, 어떤 규칙이 있는지를 미리 알고 있으면 훨씬 덜 두려울 테니까요.

학교가 배경인 책들을 읽으면 학교에 대해 친숙한 마음이 생길 거예요. 학교가 두려운 곳이 아니라 새로운 친구들과 즐거운 경험을 할 수 있는 장소라는 걸 알게 되지요.

자녀가 학교를 긍정적인 곳으로 인식할 수 있도록 책을 읽으며 대화를 나눌 수 있습니다. 그리고 독서 달력에 보석 스티커 한 장을 예쁘게 붙여 보세요. 오늘 살포시 붙인 스티커 한 장이 긴장한 아이의 마음에 따뜻한 반창고 역할을 해 줄 거라 믿습니다.

입학 전에 읽으면 좋은 책들

1. 『학교 가기 전날』(김여진 글, 김정진 그림)
   초등학교 입학을 하루 앞둔 도도의 일상

2. 『나는 여덟 살, 학교에 갑니다』(김해선 글·그림)
   아이들의 마음을 담은 1학년 이야기

3. 『우리, 학교 가자!』 시리즈 - 총 3권(김수현 글, 박종호 그림)
   재미있고 유익한 활동을 담은 초등 입학 준비 놀이 책

4. 『내 멋대로 급식 뽑기』(최은옥 글, 김무연 그림)
   편식쟁이 윤우의 고군분투가 담긴 동화

5. 『우리 반 목소리 작은 애』(김수현 글, 소복이 그림)
   두근두근 새 학년, 목소리를 찾아가는 소담이의 이야기

6. 『진짜 초등 1학년』(김수현 글, 이노리 그림)
   어린이가 직접 준비하는 초등 생활

7. 『내 친구 도감』(김원아 글, 주쓰 그림)
   반 친구들을 세심하게 관찰하며 기록한 친구 도감

8. 『우리 반 체육 싫은 애』(김수현 글, 장선환 그림)
   체육이 싫은 아이, 이어달리기 대표 선수가 되다!

9. 『어린이 생활 사전』 시리즈 - 총 4권(김수현 글, 장선환 그림)
   선생님이 알려 주는 어린이 필수 매너, 예절, 친구 관계

10. 『스티커 탐정 천재민』(김원아 글, 김민우 그림)
    2학년 1반 교실에서 일어난 재미있는 사건을 다룬 이야기

학교생활이 담긴 책을 읽을 때, 아이에게 할 수 있는 질문

☐ 이 책의 주인공이 너라면 너는 어떻게 할 거야?

☐ 주인공이 너에게 인사하면 너는 뭐라고 할 거야?

☐ 주인공은 선생님한테 질문할 때 뭐라고 했지?

☐ 주인공의 대단한 점을 하나만 말해 볼까?

✓ 간단한 목표 세우기

취학 준비를 하는 이 시기가 기본적인 생활 습관을 바로잡을 수 있는 최적의 타이밍이라고 앞서 말씀드렸습니다. 이때 달력을 활용하는 방법을 소개해 드리고자 해요. 아이와 함께 '습관 달력'을 만들어 보세요. 습관 달력은 단순한 날짜 표시용 달력과는 다릅니다. 실천할 때마다 스티커나 체크 표시로 성취감을 느끼게 하는 체크 리스트입니다. 해빗 트래커(Habit Tracker)라고도 부르지요.

먼저 아이의 성향과 상황에 따라 자신이 지킬 생활 습관을 네다섯 가지 선정합니다. 그중에는 이미 잘하고 있는 것을 하나 넣어야 해요. 지키기 어려운 습관들로만 구성하면, 자칫 부담스러울 수 있

날짜	정해진 시간에 일어나기	양치하기	가방 챙기기	알림장 보여 주기	9시 전에 자기
3/2	🍀	🍀		🍀	🍀
3/3	🍀	🍀	🍀	🍀	
3/4		🍀	🍀	🍀	
3/5	🍀	🍀			🍀
3/6		🍀	🍀	🍀	🍀

습관 달력 예시

기 때문이죠.

한 주 동안 약 80퍼센트 이상의 성취를 보였다면 작은 보상을 주어도 좋습니다. 이때 보상은 과하지 않은 수준이어야 합니다. 보상이 너무 크면 과정 자체를 즐기기 어렵거든요. 보상은 아이의 노력과 성취를 확인하는 표시 정도가 적당합니다. 예를 들어 스티커, 간단한 간식, 가족과 함께하는 10~15분 놀이처럼 과정에 방해가 되지 않고 자연스럽게 연결되는 활동이 좋습니다. 보상이 지나치게 크거나 자주 주어지면 아이가 '보상을 받기 위해 해야겠다.'라는 생각만 하게 되어 습관 형성이 어려워지고 내적 동기가 약해질 수 있습니다. 따라서 보상은 과정의 즐거움을 확인하는 작은 보너스 정도로 활용하며 본래 목표인 '꾸준히 노력하는 습관'을 중심에 두어야 합니다.

또 아이가 잘한 점을 적극적으로 칭찬해 주는 것도 필수입니다.

"알림장 보여 주기는 무려 3일 연속 성공했네? 대단해!"
"이제 양치하는 게 습관이 됐나 봐. 이번 주에는 모두 성공했어. 정말 대견하다!"

응원과 격려의 말을 잊지 마세요. 한두 번 지키지 못했다고 해서 다그치는 것은 금물입니다. 지키지 못했을 때는 "내일은 잘해 보자!" 하고 힘을 주세요.

습관 달력에 포함하면 좋은 항목들

- 아침 습관
  - 정해진 시간에 일어나기, 스스로 옷 입기
- 위생 습관
  - 외출 후 손 씻기, 3분 동안 양치질하기
- 식사 습관
  - 먹기 힘든 반찬 도전해 보기, 다 먹은 그릇 치우기, 식사 전 수저 놓기
- 공부 습관
  - 학습지 풀기, 받아쓰기 공부하기, 일기 쓰기
- 수면 습관
  - 9시 전에 자기, 잠자리 정리하기
- 정리 습관
  - 책상 위 정리하기, 풀 뚜껑 닫기 등

자녀의 의견을 적극 반영해서 구성해 보는 것도 추천합니다.

시간 관리 연습으로
함께 자라는 우리

저희 아이는 긴장도가 높은 편입니다. 특히 겪어 보지 못한 일에 대한 불안도가 높아요.

신중한 성격인 아이들이 아직 겪어 보지 못한 가까운 미래의 일을 걱정하는 경향이 있습니다. 그래서 해마다 3월만 되면 예민해지는 아이들이 있지요. 앞서 말씀드렸듯, 결국 미래를 위한 견고한 준비가 현재의 나를 단단하게 만들어요. 그러므로 이 준비가 벼락치기가 되어서는 안 됩니다. 매일 켜켜이 쌓이는 단단한 준비여야 합니다. 이것이 차곡차곡 쌓이면 긴장도와 불안도가 낮아지고 새 학기 증후군도 점점 사라집니다. 새 학기 증후군이란, 신학기가 시작될 때 학생들이 경험할 수 있는 신체적·정신적 불편이나 스트레스를 말합니다. 특히 초등학교나 중학교 신학기에 많이 나타나지요. 배가 아프다고 하거나, 무릎이 쑤신다고 해요. 작은 일에도 쉽게 예민해하고 잠을 잘 못 들기도 하는 등의 증상이 나타나기도 해요. 이때 확실히 말씀드릴 수 있는 것이 있어요. 아이의 경험치가 쌓일수록 이 긴장과 불안도 점차 사라진다는 점입니다. 그러니 너무 걱정하지 마세요. 걱정하는 양육자의 모습에 아이가 더 불안해질 수 있으니까요.

초등 저학년(만 8~9세):
오늘 할 일 정하기

✅ 초등 저학년,
일관성이 필수다!

이 나이대의 아이들은 초등학교 생활에 많이 익숙해졌습니다. 등하교는 언제 누구와 어떻게 해야 하며, 방과 후에 어떤 일정을 소화해야 하는지를 스스로 알고 있지요. '학교'라는 곳에 완벽히 적응한 아이는 편안함을 느낍니다.

한편 이 나이대는 신체적·정신적·사회적으로 중요한 성장이 이루어지는 시기이기도 합니다. 따라서 규칙적인 수면과 식사 습관이 중요합니다. 규칙을 일관적으로 적용하는 것도 필요하지요. 특히 이때의 어린이들이 부모나 교사의 행동을 모방하면서 배우는 경우가 많습니다. 따라서 부모님과 교사도 일관적인 생활 방식을 가지는 모습을 본보기로 보여 주면 좋습니다.

엄마　서진아, 학교 가야지. 어서 가.

서진　엄마는 나 학교 가면 뭐 해?

엄마　엄마는 신경 쓰지 말고, 서진이는 빨리 학교나 가요.

서진　불공평해. 나는 학교 가는 데 엄마는 아직 세수도 안 했
　　　잖아.

간혹 저학년 아이 중에서 "어른이 되면 내가 하고 싶은 대로 살 수 있는 것 같아요."라고 말하는 어린이가 있습니다. 왜 그렇게 생각하는지 물었더니 이렇게 대답하더군요. "엄마는 나보고 규칙적으로 생활하는 어린이가 되라고 하면서, 엄마는 엄마 마음대로 해요."라고요. 물론 다소 억울하기도 합니다만, 아이가 이런 생각을 했다는 건 아이 눈에 부모의 생활 방식이 일관적으로 보이지 않았다는 뜻입니다.

✅ '오늘 할 일'을 스스로 정할 수 있다

아이의 기본적인 생활 습관이 잘 자리 잡았다면, 오늘 내가 해야 할 일이 무엇인지 스스로 생각할 수 있습니다. 달력에 아이 스스로 할 일을 적고 관리하도록 약간의 도움만 주면 됩니다. 아이의 루틴이 잘 잡혀 있을수록 이 과정이 수월해집니다.

• 공부와 놀이는 균형 있게

이맘때의 아이들은 학교에서 배운 것을 문제집 등으로 복습하고 예습해야 합니다. 따라서 공부 시간과 놀이 시간의 적절한 균형은 필수입니다

① 아이가 오늘 해야 할 공부에 관해 스스로 말할 수 있어야 합니다.

- "오늘은 어떤 문제집 풀어야 해?", "오늘은 문제집 몇 페이지 풀 차례지?", "오늘 학교 숙제는 없는지 알림장 다시 한번 확인해 볼래?", "오늘 네가 해야 할 공부 중에서 어떤 것부터 하는 게 좋을까?" 등과 같은 질문을 던졌을 때, 아이가 스스로 대답할 수 있어야 합니다.

- "오늘은 수학 문제집 31, 32쪽 풀어. 그다음에 받아쓰기 공부 10분 해야 해."라고 부모가 명령하고 지시하는 것을 피하세요.

② 놀이 시간이 보상처럼 느껴지지 않도록 합니다.
- "너 공부 끝까지 다 해야 놀 수 있어. 그 전엔 절대 안 돼."라는 식으로 공부 시간과 놀이 시간을 경쟁 구도로 만드는 발언은 피합니다. 놀이 시간도 아이들에게 꼭 필요한 여가 시간이니까요. 공부와 놀이가 서로 조화를 이루어야 합니다.
- "숙제 끝나면 우리 뭐 하고 놀까?"와 같이 기대감을 품게 말하거나 "잘 놀았으니까 이제 집중도 잘해 볼까?"와 같이 말해서 시너지 효과를 높일 수 있는 도구로 놀이를 사용하는 것이 좋습니다.

③ 아이의 컨디션이 가장 좋은 시간대에 공부 시간을 배치하세요.
- 아이의 바이오리듬에 맞춰서, 아이의 컨디션이 가장 좋은 시간에 놀이 시간이 아닌 공부 시간을 배치하세요. 아이마다 다르지만, 학교 다녀온 직후에는 긴장이 풀려 다소 나른해지

는 어린이도 있거든요. 이 경우 1시간 정도 여유를 가진 뒤, 오늘 해야 할 공부를 하면 더 집중할 수 있어요.

④ 일관성 있게 적용해야 합니다.

- "오늘 공부는 밤에 하자!", "오늘은 그냥 건너뛸까?", "오늘은 하지 말자!"와 같이 이유 없이 계획을 미루는 행동은 일관성 있는 루틴을 세우기 어렵게 만듭니다.
- 간단한 공부라도 특별한 상황에 놓이지 않는 한 일관성 있게 적용하려고 노력해야 합니다. 이 과정에서 어려움을 겪는 아이가 많으므로 양육자의 관심과 응원이 꼭 필요합니다.

● 하루 한 가지 목표 세우기

① 이 활동은 아침에 하면 좋습니다. 아침 식사를 하면서 아주 간단한 미션 하나를 만들어 보는 거죠. 이때 목표는 구체적이어야 합니다.

- 수학 공부하기☒: 너무 추상적인 목표입니다.
- 구구단 3단 외우기◯: 실행이 명확히 확인됩니다.
- 책 읽기☒: 범위가 넓습니다.
- 그림책 두 권 읽기◯: 목표가 구체적입니다.

- 영어 공부하기☒: 다소 막연합니다.

- 영어 노래 5분 듣기☐: 충분히 실천할 수 있는 계획입니다.

② 생활 습관과 관련된 미션도 만들 수 있습니다.

- 고운 말 쓰기☒: 너무 막연합니다.

- "고맙습니다."라고 말하기☐: 확인이 가능합니다.

- 집안일 돕기☒: 범위가 넓습니다.

- 현관 들어올 때 신발 정리하기☐: 간단히 실천하기 좋습니다.

✅ 아이는 일상을 공유하고 싶다

옆집 아이　엄마! 나 오늘 학교에서 방울토마토 나왔는데, 하나 먹기 성공했다!

옆집 엄마　정말? 어떻게? 너 원래 방울토마토 입에도 안 대잖아.

옆집 아이　맞아. 그런데 내 짝꿍이 오늘 방울토마토는 엄청 달다고 해서 도전해 봤어.

옆집 엄마　정말 달았어?

옆집 아이 아니, 하나도 안 달았어. 그런데 걔 말로는 이 정도면 많이 단 거래. 걔는 사탕 같은 것도 안 먹어. 선생님이 선물로 줘도 안 먹고 나 줘.

옆집 엄마 어머, 그렇구나!

옆집 아이가 옆집 엄마랑 이야기 나누는 걸 보고 있자니, 참 신기합니다. 우리 집 아이는 도통 학교 이야기를 하질 않는데, 옆집 아이는 점심 식사하면서 생긴 에피소드까지 조잘조잘 말한다니요. 평화롭게 대화 나누는 모습이 부럽기까지 합니다.

그런데 여러분 아시나요? 사실 대부분의 아이는 자신의 일상을 나누고 싶어 한답니다. 특히 행복하고 즐거웠던 기억은 꼭 이야기하길 원해요. 반대로 불편했던 마음은 오히려 숨기고 싶어 하고요.

✅ 그런데도 학교 이야기를 잘 하지 않는 이유

- **"무슨 일이 있었지? 기억이 안 나."**

  – 기억이 쉽게 휘발되기 때문입니다. 하루에 너무 많은 일이

일어나니까요. 하루 중에 무슨 일을 골라 이야기해야 할지 아이들은 막막할 수 있어요. 양육자가 먼저 시범을 보여 주세요.

➡ "엄마는 오늘 무슨 일이 있었냐면, 계란을 사려고 마트에 갔는데…."

- **"뭐라고 말해야 하지?"**

  - 언어 표현 능력이 다 자라지 않았기 때문입니다. 하루 동안에 있었던 일을 갈무리하는 게 어려울 수 있어요. 특정 시간이나 장소를 정해서 물어봐 주세요.

  ➡ "오늘 점심은 메뉴가 뭐였어? 먹고 나서 뭐하고 놀았어?"

- **"딱히 이야기할 게 없는데?"**

  - 특별한 일만 이야기해야 한다고 생각하기 때문입니다. 여기서 '특별한 일'이란 부모님이 기뻐할 만한 일입니다. 아이는 부모님이 듣고 싶어 하는 학교 이야기는 따로 있다고 생각할 수 있어요. 이럴 땐 일상에 관해 물어보세요.

  ➡ "요즘 수학 시간에는 뭐 배워? 진도 어디까지 나갔어?", "실내화가 작아지진 않았어?"

- **"이거 말하면 엄마가 또 걱정할 것 같은데….”**

  - 부모님의 듣는 태도에 영향을 받았기 때문입니다. 과거 아이의 말을 듣고 과하게 걱정했다거나 아이를 꾸중했다면, 그러한 듣기 태도가 아이에게 긍정적으로 작용하지 않았을 거예요. "우리 아들 요즘 잘하고 있는지 선생님이랑 상담 좀 해 봐야겠다.", "그럴 줄 알았어. 집에서도 그러더니!"와 같은 평가의 말은 절대 금지입니다.

☑ 달력으로 하루 갈무리하기

초등 저학년 이하의 어린이가 있는 가정이라면, 강력 추천하는 하루 갈무리 대화법이 있습니다. 꼭 만 8~9세의 어린이가 아니더라도, 더 어리거나 더 나이가 많은 어린이도 충분히 활용할 수 있습니다.

① 매일 밤 자기 전, 오늘 날짜에 대각선으로 X 표시를 하게 합니다.

② 아이와 함께 "2월 13일, 잘 가~. 안녕~!" 하고 말하면 더 좋습

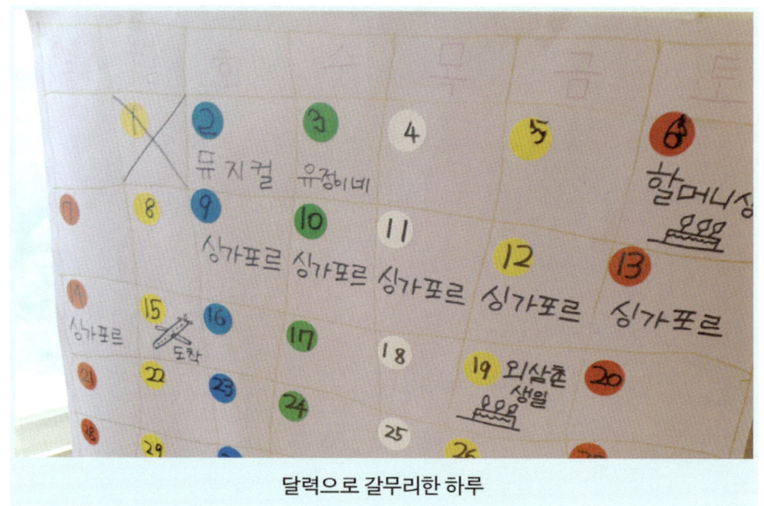

달력으로 갈무리한 하루

니다. 날짜를 입으로 많이 말해 보면, 날짜 감각이 금방 생긴
답니다.

③ 아이에게 오늘 하루 안부를 물어보며 하루를 갈무리합니다.

✔ 주고, 또 받는 대화법

아이의 성향에 따라 이야기 나누는 스타일이 조금씩 다를 수 있
습니다. 그러나 어느 경우든지 제일 중요한 것은 아이에게 편안한

이렇게 물어보세요

- "오늘 가장 재미있던 일 하나씩 말해 보기 할까?"
  ("오늘 가장 재미있던 일 하나 말해 봐!"가 아니에요.)
- "오늘 먹은 것 중에서 제일 맛있던 것 하나씩 말해 보자."
- "오늘 하루 동안 조금이라도 '고맙다'라고 느낀 사람 말해 보자."
- "엄마는 오늘 좀 실수한 게 있는데, 어떤 실수했는지 들어 볼래?"
- "아빠는 오늘 좀 미안한 사람이 있어…."
- "엄마가 오늘 제일 기억에 남는 일 하나를 마음속으로 생각할 테니까 맞춰 볼래?" (아니면 반대로, "엄마가 우리 아들 마음을 한 번 맞춰 볼까?"라고 물어보는 것도 좋아요.)
- "오늘 기분을 색깔로 표현해 본다면 무슨 색일까?"

이때 아이의 대답을 '천천히' 기다려 주세요. 아이는 인공지능 로봇처럼 단번에 질문을 파악해서 곧장 해답을 늘어놓을 수 없습니다. 또한 이런 대화가 익숙하지 않은 초반에는 아이가 대답을 곤란해할 수도 있습니다. 이럴 때는 꼭 아이가 먼저 대답해야 한다는 편견을 버리시고 "그럼 아빠가 먼저 이야기해 볼까?"라고 시범을 보여 주세요.

마음 상태를 만들어 주는 것입니다. 양육자와 자녀가 나누는 대화가 양육자가 아이를 평가하는 듯한 분위기가 되어서는 안 되겠죠.

그래서 명령형의 지시하는 말투는 반드시 경계해야 합니다. 또 조사하는 느낌으로 말하지 않도록 주의해야 합니다. 양육자가 일방적으로 묻고 자녀는 대답하는 것은 대화가 아닙니다. '대화'를 하려면 양육자도 아이도 함께 '주고받아야' 합니다.

☑ 감정을 표현하는 단어로 대화하기

지윤　(2월 13일에 대각선을 그으며) 2월 13일, 잘 가~. 안녕~!

엄마　지윤아, 지윤이는 2월 13일 오늘 하루 어땠어?

지윤　오늘? 좋았어!

엄마　'좋다' 말고 뭐 다른 말 없어? 맨날 좋대.

지윤　좋아서 좋다고 한 건데….

교사가 어린이들과 함께 체육 시간을 보낸 뒤 "오늘 체육 시간 어땠어요?"라고 물어보는 상황을 머릿속에 그려 보세요. 아마 열 명 중 아홉 명이 한목소리로 이렇게 대답할 거예요. "좋았어요!"라고요. 네, 맞아요. 질문을 한 교사가 바라는 대답은 좀 더 수려한 답변일지도 모릅니다. 하지만 아이들이 "비록 우리 팀이 졌지만 그래도 뿌듯함을 느낄 수 있어서 정말 좋았습니다!"라고 말하거나 "오늘 우리 팀이 승리해서 성취감을 느낄 수 있었어요!"라고 대답할 수 있을까요? 절대 그렇지 않습니다!

아이들은 자신의 감정을 표현하는 말을 많이 알고 있지 않아요. 어휘력이 어른보다 많이 부족합니다. 기껏해야 '기분 좋다', '기분 나쁘다', '그저 그렇다', '신난다', '화난다' 정도지요. 그러니 자칫하면 대화가 이렇게 흐를 수도 있습니다.

지윤 (2월 13일에 대각선을 그으며) 2월 13일, 잘 가~. 안녕~!

엄마 지윤아, 지윤이는 2월 13일 오늘 하루 어땠어?

지윤 오늘? 음…. 잘 모르겠어요….

엄마 몰라? 왜 몰라?

지윤 몰라~.

엄마 정말 몰라?

지윤 응, 나 몰라. 몰라! 그런 거 물어보지 마! 나 안 할래!

엄마 으이구. (우리 딸은 뭘 해 보려고 해도 무조건 안 한다고만 해!)

아이는 자기 마음을 표현하는 어휘를 쉽게 떠올리지 못할 수 있어요. 그래서 모른다고 대답해 버립니다. 자녀의 이러한 모습이 부모에게는 다소 예의 없고 무기력한 모습으로 보일 수도 있지요.

그런데 상황을 바꿔서 생각해 볼까요? 아이가 여러분에게 물어보는 상황으로요.

"엄마, 엄마의 오늘 하루는 어땠어요?"

여러분은 자녀에게 뭐라고 대답하실 건가요? 하루를 보내면서 어떤 감정을 느꼈는지 말하는 일, 상당히 어렵지 않나요? 아마 여러분도 아이에게 이런 말 이상 하기 쉽지 않으실 겁니다. "엄마? 오늘, 좋았어!"라고요.

감정을 드러내는 말에는 '좋다', '나쁘다' 말고도 다양한 표현이 있음을 아이에게 알려 주세요. 책을 이용하면 좋습니다. 달력 옆에 감정 표현이 많이 담긴 책을 비치해 둡니다. 그리고 그 책에서 오늘 나의 마음을 찾아보게 합니다. 다양한 감정 표현 예시를 보고 하루에 적용해 보는 연습을 아이와 함께 해 보세요.

엄마　지윤아, 이 책에서 골라 보자. 지윤이의 오늘 마음은?

지윤　음…. 엄마 먼저 골라 봐.

엄마　알았어. 음…. 엄마는 오늘 '뿌듯해'를 고를래.

지윤 왜?

엄마 엄마가 오늘 미루고 미뤄 왔던 냉장고 청소를 했잖아. 하고 나니까 엄청나게 뿌듯했어.

지윤 나도 오늘 뿌듯한 일 있어!

엄마 오, 정말? 너도? 뭐가 뿌듯했어?

지윤 오늘 줄넘기 10개 성공했어. 연속으로! 그래서 엄청 뿌듯했어!

엄마 그랬구나! 오늘 일은 달력에 써 놔야겠다!

기쁘다	짜증 나다	당황스럽다	짜릿하다	부끄럽다
신나다	화나다	깜짝 놀라다	보람차다	신기하다
행복하다	질투 나다	긴장하다	슬프다	얼떨떨하다
뿌듯하다	대견하다	두렵다	보고 싶다	멍하다
자신감 있다	감탄하다	걱정하다	쓸쓸하다	원망스럽다

감정을 표현하는 다양한 말

이렇게 양육자가 먼저 시범을 보이면, 아이도 자신이 겪은 비슷한 일을 떠올리며 하루 이야기를 수월하게 할 수 있습니다. '좋다'라는 단순한 표현 대신 '뿌듯하다'라는 말도 사용할 수 있다는 걸 배우게 되고요.

✅ 달력을 활용한 하루 갈무리 대화의 효과

달력으로 하루를 갈무리하면 무엇이 좋을까요?

먼저, 하루를 돌아볼 수 있는 자기 성찰 능력이 향상됩니다. 잘한 점과 아쉬운 점을 생각해 볼 수 있는 시간을 제공하니까요. 내가 내일 같은 일을 겪더라도 오늘보다는 조금 더 나은 선택을 할 수 있는 발판이 됩니다. 내일을 계획하는 힘을 기를 수 있지요.

둘째, 감정 조절 능력도 기를 수 있습니다. 기쁨, 슬픔, 분노 등의 감정을 스스로 정리하는 과정에서 양육자가 이를 공감해 주면 편안한 마음으로 하루를 마무리할 수 있게 되니까요.

셋째, 양육자와의 관계도 훨씬 견고해집니다. 아이가 양육자에게 하루 동안 있었던 일들을 편안하게 이야기하는 것이 습관이 되면,

힘든 일이 있을 때도 아이가 먼저 양육자에게 이야기할 수 있게 된답니다.

넷째, 표현 능력이 향상됩니다. 오늘 있었던 일을 말로 정리하다 보면 어휘력이 발달하면서 문장력도 길러지거든요. 그래서 '일기 쓰기'와 같은 생활문 쓰기에서 탁월한 도움을 받을 수 있습니다. 아이가 "오늘 일기 뭐 써?"라고 물을 일이 없지요. 아이는 이미 자신의 하루를 돌아볼 수 있는 능력, 자신의 하루를 여러 개의 문장으로 정리하는 법을 알고 있기 때문입니다. 글을 잘 쓰려면 일단 말이 우선해야 합니다. 말할 수 있어야 쓸 수도 있습니다.

이 효과가 100퍼센트 발휘되려면, 달력을 활용한 하루 갈무리 대화가 일회성 이벤트가 되어서는 안 됩니다. 몇 번의 연습으로는 부족하죠. 매일은 어렵더라도 일주일에 3회 이상 장기간 하루 갈무리 대화를 실천해 보세요. 저는 꽤 오랫동안 이 활동을 자녀들과 저의 루틴으로 삼았습니다. 루틴이 되어 자연스럽게 익숙해지면 아이가 이야기를 주도하는 일도 가능해집니다.

● 좋은 감정만 다룰 필요는 없어요

행복하고 즐겁고 신났던 일은 더 오래 기억하고 싶고, 슬프고 짜증 나고 부끄러웠던 기억은 빨리 잊고 싶죠. 특히 어린이들은 양육자를 기쁘게 해 주고 싶은 마음에 부정적인 기억은 일부러 말하지 않는 경향이 있습니다. 물론 좋은 감정을 함께 나누면 그 기쁨이 두 배, 세 배, 그 이상이 되는 것은 맞습니다. 그렇지만 부정적인 감정을 의도적으로 대화에서 배제하지는 마세요. 가끔은 부정적인 감정도 하루 갈무리 대화로 함께 나눠 봄 직합니다.

모든 감정은 자연스러운 것이고, 항상 행복하고 즐거워야 한다는 압박 없이 모든 감정을 있는 그대로 받아들일 수 있게 해야 해요. 특히 부정적인 감정을 말로 표현하면서 감정을 정리하는 방법도 배워야 합니다.

부모님이 먼저 솔직하게 감정을 표현해 보는 것도 좋은 방법이에요.

엄마　사실 말이야, 오늘 엄마는 조금 힘든 일이 있었어.

자녀　(걱정스러운 눈빛으로) 왜? 왜 힘들었어?

엄마　오늘 회사에서 회의하는데, 중요한 서류가 갑자기 사라진 거야. 그래서 그걸 찾느라 점심도 못 먹은 거 있지. 왜 자꾸 물건을 잃어버리는 걸까? 너무 속상해.

자녀　진짜 속상하고 힘들었겠다.

엄마　그런데 이렇게 이야기하니까, 마음이 좀 편해진다. 우리 아

들도 나중에 힘든 일 생기면 엄마한테 말해 볼래? 말하면
아주 조금 괜찮아져!

자녀 네, 엄마!

그리고 아이가 속상한 감정을 털어놓았을 때, 양육자가 지나치게
걱정하는 태도를 보이기보다는 공감해 주되 "그럼 어떻게 해결하면
좋을지 우리 같이 생각해 보자."라거나 "비슷한 일이 생기면 그땐
어떻게 할 거야?"라는 미래 지향적인 대화를 나누는 것도 좋습니다.

• 마무리는 긍정적으로

대화는 긍정적으로 마무리해야 합니다. 아이가 속상한 일을 털어
놓으며 눈물짓거나 힘들어했더라도 대화를 마칠 때는 희망적인 질
문을 던져 주세요.

"그래도 오늘 고마웠던 순간이 있었을까? 엄마는 우리 딸이 이렇
게 힘든 이야기를 엄마에게 해 줬다는 것만으로도 정말 고마워."

이런 말은 어떨까요? 아이가 그래도 오늘은 꽤 괜찮은 하루였다
고 생각하면서 잠들 수도 있지 않을까요? 이때 따뜻한 포옹이나 몸

을 쓰다듬어 주는 가벼운 스킨십도 도움이 됩니다. 그러면 아이는 '오늘'이라는 하루를 '나쁜 날'이 아닌, '배울 수 있는 하루'로 바꿔서 받아들이게 되지요.

이런 말 어때요?

- "그래도 오늘 그 힘든 걸 잘 이겨냈네?"
- "내일은 분명 더 나아질 거야."
- "그래도 오늘 고마웠던 순간이 있었을까?"
- "그런 일을 겪으면 누구라도 힘들었을 거야."

하루 갈무리 대화의 마무리가 매끄럽지 않은 날도 있을 거예요. 그런 날에는 아이가 잠든 뒤 아이의 책상 위에 다정한 메시지를 손 글씨로 적어서 올려 두는 것도 좋아요. 중요한 건 새날을 시작하는 아이의 새로운 마음가짐이니까요!

시간 관리 연습으로
함께 자라는 우리

 아이가 말이 너무 많은데, 하루 갈무리 대화에 얼마만큼의 시간을 써야 할까요?

 일단, 행복한 고민을 하시는 것이라는 점을 미리 말씀드립니다! 말이 많다는 것은 생각이 풍부하고 호기심이 많다는 의미랍니다. 그러니까 하루 갈무리 대화를 풍성하게 할 수 있다는 것 자체가 아이가 가지고 있는 대단한 능력이라고 할 수 있어요. 다만 이것 때문에 부모가 지나치게 피곤하다면, 서로 편한 방식으로 조율하면 좋겠지요.

시간을 정해 보세요. "우리 오늘은 긴바늘이 3에 갈 때까지 이야기 나누고 잠들자!"라고요. 그리고 아이가 한창 이야기하고 있을 때, 핵심만 요약하게 도와주는 것도 한 가지 방법이 될 수 있습니다. "그럼 오늘 가장 재미있던 건 뭐였어? 딱 한 가지만 뽑아 본다면 뭘까?"라고 질문하세요. 생각을 정리하고 자기 마음을 표현하는 능력도 키울 수 있을 거예요.

초등 고학년(만 10~12세): 다이어리와 친해지기

✅ 이제부터 진짜 시작

아이가 초등학교 고학년이 되었습니다. 단순한 일정에 단순한 과제가 주를 이루던 저학년 시기와는 다릅니다. 하루가 조금 더 촘촘해집니다. 방과 후 일정도 요일마다 달라지고, 하루 안에 해결해야 할 일도 많아지지요. 이제 스스로 하루를 꾸릴 수 있는 어린이로 성장해야 하는 시기입니다. 계획을 세우고, 계획대로 실행하는 능력은 학업 성취도와 직결될 뿐만 아니라 다른 사람에게 신뢰를 얻을 수 있는 성실도에도 영향을 미칩니다. 그래서 이 시기의 어린이가 시간을 관리하는 습관을 어떻게 다지느냐는 굉장히 중요하답니다.

지금까지 달력을 이용해 시간 관리 능력을 길러 왔다면, 달력이 굉장히 익숙하게 느껴질 거예요. 고학년이 된 어린이는 달력에 내 하루를 정리하는 것이 조금 답답하게 느껴지기도 할 거고요. 달력 한 칸에 나의 하루를 모두 담기에는 공간이 협소하다고 느낄 수도 있거든요. 이제 달력과 함께 다이어리를 사용해야 할 때입니다. 초등학교 고학년 시기에는 달력에서 다이어리로 자연스럽게 옮겨 갈 수 있도록 도와주어야 합니다.

✔ 학사력을
다이어리에 옮겨 적기

새 학년이 되면 각 학교에서는 학사력을 배부합니다. 학사력은 학교에서 제공되는 학교의 공식 일정표를 말합니다. 한 해 동안 학교에서 치러질 주요 행사와 학업 관련 일정이 정리되어 있지요. 만약 학사력을 분실했다면 학교 홈페이지에서 확인할 수 있습니다.

학사력을 받으면 눈으로만 확인한 뒤 그대로 버리거나, 양육자만 종종 들여다보는 일이 흔합니다. 그러나 학사력을 참고해서 주요 일정을 아이의 다이어리에 옮겨 적게 하세요. 주요 일정을 한눈에 파악할 수 있어서 좀 더 장기적인 계획과 목표를 세우기에 좋습니다.

자녀 엄마, 7월 15일에 전교 임원 선거가 있어.

엄마 그럼 한번 도전해 볼까?

자녀 뭘 준비해야 하지?

엄마 공약이 필요할 텐데 갑자기 공약을 만들려면 어렵겠지? 달라졌으면 하는 부분을 1학기 때 잘 살펴보면서 학교에 다니는 건 어떨까?

자녀 그래야겠다!

또한 학사력에는 각종 행사가 적혀 있어서, 학교에 대한 애착을 심어 주기에도 좋습니다.

자녀 우리 5월 4일에 '어린이날 기념 소체육대회' 한다! 좋겠지?

엄마 2학기에도 운동회가 있던데 1학기에도 해?

자녀 어디? 우아, 진짜네? 우리 학년은 4월에 과학관도 간다!

엄마 재밌겠다!

여름방학, 개학, 운동회, 학예회, 현장 체험 학습, 친구 사랑 주간, 독서의 달 행사 등 1년 동안 이어지는 학교 행사를 적으며 학교생활에 대한 기대감을 한껏 끌어올릴 수 있습니다.

✅ 평가 계획도 적어 놓기

학사력 말고도 학기 초에 배부되는 것이 하나 더 있습니다. 바로 '평가 계획'입니다. 초등학교에서의 평가란 무엇일까요? 이 평가의 목표는 학생을 성적 순위대로 줄 세우는 것이 아니라 학생의 발달과 성장을 돕는 것입니다. 즉 '과정 중심 평가'지요. 평가 계획을 보면 각 과목의 평가 영역과 단원, 평가 내용, 평가 방식이 적혀 있어서 미리 수행 평가에 대비할 수 있습니다. 무엇보다 평가 시기가 적혀 있어서 다이어리에 메모해 두면 평가를 준비하는 데 도움이 됩니다.

초등학교에서의 수행 평가는 입시와 직결되는 것이 아니라서 중요하게 생각하지 않는 아이들도 더러 있습니다. 하지만 상급 학교로 진학한 뒤에 하게 될 수행 평가에 참여하는 태도와 요령 등을 습득하기 위해서라도 성실히 준비하고 참여해야 합니다.

✔ 다이어리에 쓰는 나만의 일기

근래에는 초등학교 교실에서도 일기 쓰기 숙제가 점차 사라지고 있습니다. 일기장 검사를 사생활 침해라고 보는 의견도 있고, 앞서 말씀드렸듯 숙제를 부담스럽게 여기는 어린이가 점차 많아지고 있기 때문이지요. 학교 숙제(일기 쓰기) 말고도 해야 할 일이 많은 요즘 아이들이 안타까울 따름입니다.

하지만 저는 우리 아이들이 학교 숙제가 아니더라도, 일기 쓰기는 꼭 지속했으면 좋겠습니다. 기승전결이 완벽한 구조, 수려한 문장력과 탄탄한 어휘력을 뽐내는 멋진 글 한 편을 적는 데 목적을 두지 않고요. 긴 글이 아니어도 됩니다. 아주 짤막한 키워드 메모도 좋습니다. 아무래도 괜찮아요. 누구에게 평가받기 위한 글쓰기가 아니니까요. 중요한 건 오늘의 내가 살아온 모습을 남기는 것입니다.

- 아이의 일기를 절대 평가하지 마세요.
➡ 글씨가 또박또박 반듯하지 않아도 지적은 금물이에요.
- 아이에게 읽어 봐도 좋은지 미리 허락을 구하세요.
➡ 아이의 창작물이니까요. 만약 아이의 허락을 구했다면, 최고의 독자가 되어 주세요!

– 매일 쓰지 않아도 됩니다.

➡ 부담스러워지지 않게 합니다.

– 꼭 글로만 적을 필요는 없습니다.

➡ 그림으로 그리거나 스티커를 활용해서 꾸밀 수도 있어요.

– 좋은 예시를 찾아 보여 주세요.

➡ 훌륭한 본보기가 있다면 기록이 쉬워집니다.

– 다양한 주제로 꾸밀 수 있어요.

➡ 하루 일상 말고도 요즘 즐겨 듣는 노래, 좋아하는 것 등을 적어도 좋습니다.

✔ 콘셉트 있는 먼슬리 달력

'디깅 소비'라는 말을 들어보셨나요? 디깅 소비는 특정한 취향이나 관심사에 깊이 몰입해 관련 제품이나 정보를 적극적으로 탐색하고 소비하는 행동을 말합니다. 여기서 디깅(Digging)은 '파다'라는 뜻을 가진 동사 '디그(Dig)'에서 유래했다고 해요. 좋아하는 한 가지에 깊숙이 몰입하는 행위, 한 우물을 파는 모습과 의미가 통하는 것 같지요?

　　달력도 마찬가지로 한 달간 한 가지 주제를 정해 꾸밀 수 있습니다. 물론 주제는 아이가 정하는 것이 좋습니다. 만약 정하기 어려워한다면 다음의 예시를 아이와 함께 살펴보며 고르는 것을 추천해요.

- 1월: 내가 좋아하는 것

➡ 아이스티 / 친구 / 엄마 / 아빠 / 언니 / 초콜릿 / 피자 등

- 2월: 오늘 한 생각

➡ 빨리 개학했으면 좋겠다 / 수학 너무 어렵다 등

- 3월: 오늘의 감사한 일

➡ 아빠가 치킨을 사 오셨다. 감사하다! / 넘어졌는데 많이 안
　다쳤다. 감사하다! 등

- 4월: 오늘의 한자어

➡ 입구(入口) / 노력(努力) / 편안(便安) 등

- 5월: 오늘의 고사성어

➡ 고진감래(苦盡甘來) / 설상가상(雪上加霜) 등

- 6월: 오늘 내가 한 말

➡ 재밌다 / 힘들어 / 같이 가! / 배고프다 등

- 7월: 주변 사람들 생일

➡ 엄마 1월 8일 / 아빠 9월 11일 / 민지 8월 18일 / 삼촌 4월 2일

　　　　　　2부 ● 달력으로 시작하는 시간 관리 연습

- 8월: 오늘의 영어 단어

➡ 친구(friend) / 종이(paper) / 책(book) / 숙제(homework) 등

- 9월: 오늘의 속담

➡ 발 없는 말이 천리 간다 / 소 읽고 외양간 고친다 등

- 10월: 내가 좋아하는 음식

➡ 초코 프라페 / 햄버거 / 돼지갈비 / 군고구마 등

- 11월: 나의 장점

➡ 긍정적이다 / 잘 먹는다 / 잠을 잘 잔다 / 발표를 잘한다 등

- 12월: 오늘 읽은 책의 제목

➡ 『열세 살 우리는』① /『열세 살 우리는』② 등

(여러 날에 걸쳐 읽은 책은 제목 옆에 숫자 적기)

이 밖에도 오늘의 급식 메뉴, 오늘의 선행 등도 좋아요.

✅ 다이어리에 적는 용돈 기입장

초등학교 고학년이 되면 부모님께 정기적으로 용돈을 받는 아이들이 생기기 시작합니다. 비록 한 달에 몇 천 원 또는 몇 만 원 정

도의 적은 금액일지라도, 이 돈을 자기 책임하에 알뜰하게 운용하는 습관을 길러 두는 것은 매우 중요합니다. 용돈을 단순히 쓰는 것이 아니라, 수입과 소비, 저축의 균형을 이해하게 되면 돈의 가치를 눈으로 확인하고 계획적으로 사용할 수 있는 능력을 키울 수 있습니다.

이때 가장 유용한 도구가 용돈 기입장입니다. 용돈 기입장은 아이가 스스로 자신의 돈을 관리하는 데 도움을 주는 훌륭한 도구입니다. 새로 기입장을 사야 할 필요는 없습니다. 아이가 사용하는 다이어리 안에 한 영역을 만들어 기록해도 충분합니다. 중요한 것은 수입과 지출을 빠짐없이 기록하고 계산하는 습관 들이기입니다.

날짜	내용	수입	지출	잔액
3월 1일	용돈 받음!	+3000원		5690원
3월 2일	돈 안 씀!			5690원
3월 3일	지윤이랑 아이스크림 사 먹음		-800원	4890원
3월 4일	스티커 샀다!		-3000원	1890원
3월 5일	돈 안 씀!			1890원
3월 6일	사탕 사 먹고 싶었지만 꾹 참음			1890원
3월 7일	엄마 생일 다가오니까 아끼자			1890원
3월 8일	아싸! 용돈 받음!	+3000원		4890원

다이어리 내지를 용돈 기입장으로 활용한 예

먼슬리 달력 페이지를 용돈 기입장으로 활용한 예

　부모님이 용돈 기입장을 정기적으로 확인하는 것도 도움이 됩니다. 단, 검사처럼 일방적으로 확인하기보다는 아이의 기록을 함께 보고 칭찬하거나 질문을 던지는 방식이 좋습니다. 예를 들어 "이번 달 잔액을 보니 저축을 잘했네! 다음 달에는 이 돈으로 뭘 해 볼까?" 처럼 자연스럽게 대화를 연결하면 아이는 스스로 기록하는 동기를 느끼게 됩니다. 너무 자주 검사하면 아이가 심리적으로 압박감을 느낄 수 있으니, 한 달에 2회 정도 간단히 확인하며 격려하는 정도 가 적절합니다.

저는 다이어리에 용돈 기입장을 적게 했는데요, 용돈 기입장을 실제로 쓰다 보면 아이들이 어려움을 겪는 경우도 있습니다. 지출을 일일이 기록하는 것이 번거로워 빼먹거나 잔액 계산에서 실수하는 일이 생기기도 합니다. 이런 상황에서는 부모가 계산 방법을 함께 점검하거나 기록하는 요령을 알려 주고 격려하는 것이 중요합니다. 아이가 스스로 기록하고 관리하는 습관을 자연스럽게 익히도록 돕는 것이 핵심입니다.

✅ 고학년도 그림일기를 쓸 수 있다!

글로 빈 곳을 가득 채우는 일에 큰 부담을 느끼는 어린이도 많습니다. 그런데 꼭 문장으로만 다이어리를 채워야 할까요? 그렇지 않습니다. 그림 그리기에 관심이 있는 어린이라면 그림으로 하루를 표현해 보는 것도 색다른 방법입니다. 그림일기가 초등학교 1학년의 전유물은 아니니까요. 고학년도 그림일기를 쓸 수 있습니다. 마치 웹툰 작가가 된 것처럼, 하루에 있었던 일 중 한 장면을 그림으로 나타내는 것이죠. 나만의 창의적인 방식으로 재치 있게 표현하면 나의 하루가 즐겁고 유쾌한 기억으로 남을 수 있어요.

고학년이 그린 그림일기

이때 도구가 은근히 중요합니다. 채색 도구로는 펜촉이 두껍고, 잘 번지지 않으며, 발림성이 좋고, 뒷장에도 잘 비치지 않는 '노마르지 사인펜'을 추천합니다. 색 또한 다양해야 장면을 구현하기가 훨씬 수월하겠죠. 다이어리도 내지가 너무 얇지 않은 제품으로 고르도록 해요. 그림을 그려야 하는 만큼 180도로 잘 펼쳐지는 공책이나 스프링 노트가 적합하고요.

인스타그램에서 '인스타그림일기', '인스타툰', '한컷그림일기'를 검색하면 다양한 그림일기를 볼 수 있습니다. SNS의 순기능이지요. 여러 자료를 참고하다 보면 어느새 나만의 한 컷 그림일기가 채워집니다. 실력도 점점 훌륭해지고요. 만약 웹툰 작가가 꿈인 어린이가 있다면 하루 한 장 자신의 일상을 그려 보기를 적극 추천합니다.

그림일기로 꾸민 먼슬리 달력

내 손끝으로 직접 그려 내는 나의 하루가 그 자체로 노력이 담긴 훌륭한 포트폴리오가 되니까요. 꾸준한 노력이 성실을 증명합니다.

시간 관리 연습으로
함께 자라는 우리

아이에게 용돈을 꼭 줘야 할까요? 준다면 얼마가 적당할까요?

아이가 특별히 요구하지 않는다면 굳이 용돈을 줘야 하는 건 아니에요. 아이에게 필요한 지출이 있다면 그때마다 아이와 함께 소비 활동을 하면 되니 딱히 용돈이 필요하지 않을 수도 있습니다. 그러나 용돈을 직접 관리하는 아이가 그렇지 않은 아이보다 우수한 경제 관념을 가지고 있다는 연구 결과가 있는 만큼 용돈 주는 일을 무조건 피할 필요는 없겠습니다.

용돈을 준다면 적은 금액부터 시작하는 것을 추천합니다. 용돈을 올리는 건 가능해도 줄이는 건 어렵습니다. 또 한 달에 한 번 큰 금액을 주기보다 일주일에 한 번 소액을 주는 것이 좋습니다. 돈이 부족해서 사고 싶은 물건을 사지 못하는 불편한 경험, 원하는 물건을 사기 위해 돈을 아끼는 경험, 또 누군가를 축하하기 위해 용돈을 모으는 경험이 모두 큰 배움의 기회입니다. 또 아이들이 어디서 지출을 가장 많이 하는지도 관리해 주셔야 합니다. 아이들은 보통 편의점, 아이스크림 할인점에서 지출을 많이 합니다. 소액이지만 돈을 잘못된 곳에서 쓰는 일이 없도록 잘 관리해 주세요.

다이어리와 함께 자라나는 기록의 힘

다이어리를 구매하러 나들이하는 것이 새해를 준비하는 가족의 연례행사로 자리매김할 수 있으면 좋겠습니다. 차분하게 한 해를 마무리하면서 다이어리 속 지난 기록을 되돌아보고, 새해를 맞이하는 마음가짐을 새롭게 바로 세울 수 있도록요. 가족이 함께 이야기하며 다이어리를 고르다 보면 기록과 계획의 의미를 공유하고 서로 격려도 하게 됩니다.

다이어리,
이렇게 골라요!

✔ 아이에게 맞는
다이어리 고르기

어떤 다이어리를 구매하느냐. 이것도 꽤 중요한 부분입니다. 이번 장에서는 고학년 어린이가 다이어리를 고를 때 고려해야 할 점을 소개하고자 합니다. 자기 주도 학습, 시간 관리, 하루 감정 기록 등 다양한 요소를 구현하는 데 도움이 되는 다이어리를 선택해 봅시다.

- **다이어리 크기를 고려한다**

① A5 크기의 다이어리

- A4 용지를 반으로 접은 크기로, 가장 대중적인 사이즈입
  니다.
- 책가방에 잘 들어갑니다.
- 크기가 작지 않으므로 필기할 수 있는 공간이 넓습니다. 글
  씨를 크게 쓰거나 내용을 많이 쓰는 어린이에게 적합해요.

② A6 크기의 다이어리

- 어른 손바닥만 한 크기입니다. 책가방이 아니더라도 크로스
  백에도 잘 들어가서 휴대하기 좋습니다.
- 크기가 다소 작아서 글씨를 작게 쓰는 어린이에게 추천
  해요.

③ A4, B5 크기의 다이어리

- 8절지 스케치북보다는 작지만 꽤 큼직해서 필기할 공간이
  넓은 것을 좋아하는 어린이에게 추천합니다.
- 책가방에는 잘 안 들어가거나 빠듯하게 들어가고 부피를 많
  이 차지해요.

• 제본의 종류를 고려한다

① 스프링 제본

- 완전히 펼쳐져서 양쪽 페이지 모두에 수월하게 필기할 수 있습니다. 특히 페이지를 접어 넘기는 힘이 약한 아이들은 스프링 제본을 편하게 느끼기도 합니다. 하지만 쉽게 찢어진다는 단점도 있어요.

② 사철 제본

- 종이를 실로 엮어 만든 것으로 펼치면 왼쪽 페이지와 오른쪽 페이지가 서로 연결되어 있습니다. 그래서 전체적으로 넓게 쓸 수 있다는 장점이 있어요. 스프링이 걸리적거려서 불편하다면 사철 제본이 더 편할 거예요.

③ 6공 바인더

- 링 바인더가 있는 다이어리입니다. 속지를 추가하거나 제거해서 내 스타일대로 만들 수 있다는 장점이 있습니다. 자유롭게 꾸미는 것을 좋아하는 어린이에게 적합합니다.
- 링 바인더의 종류도 여러 가지입니다. 그중 플라스틱 링 바인더는 쇠로 된 링 바인더보다 가볍다는 장점이 있습니다.

- **날짜 유무를 고려한다**

① 날짜형 다이어리

- 날짜가 적혀 있어서 다이어리 작성을 하지 못한 날에는 그 공간이 비게 되어요. 다이어리를 성실히 기록하지 않은 것 같은 느낌에 스트레스를 받을 수 있습니다. 하지만 날짜가 예쁜 폰트로 통일성 있게 인쇄되어 있어서, 날짜와 요일을 써야 하는 수고를 덜 수 있습니다.

② 무지형 다이어리

- 날짜와 요일이 인쇄되어 있지 않아서 만년 다이어리라고도 부르죠. 다이어리 작성을 하지 않은 날을 빼놓고 쓸 수 있고, 한 권으로 1년이 아니라 2년도 쓸 수 있습니다. 그렇지만 오히려 이런 이유로 다이어리 작성이 게을러지기도 해요.
- 직접 날짜를 적을 수도 있지만 날짜 스티커를 이용해 꾸미면 더욱 좋습니다.

- **날짜 구성을 고려한다**

① 일간형

- 하루의 할 일을 여유로운 공간에 세세하게 기록할 수 있어

서 더욱 촘촘하고 꼼꼼하게 시간 관리를 할 수 있습니다. 다만 공간을 다 채워야 한다는 부담을 줄 수 있어요.

- 학습 계획을 세부적으로 세울 수 있는 어린이, 하루에 있었던 일을 여러 가지 방법으로 꾸미는 것을 좋아하는 어린이에게 적합합니다.

② 주간형

- 일주일 동안의 일정이 한눈에 들어오기 때문에 스케줄을 관리하는 데 탁월합니다. 일주일씩 습관을 관리하거나, 할 일을 체크리스트로 만들어 확인할 때 좋습니다.
- 다만 한 페이지에 월요일부터 일요일까지 모두 다 있는 경우가 많으므로 하루에 할당된 공간이 그리 크지 않습니다.

③ 월간형

- 한 달 일정을 한 번에 파악 가능해요. 크기가 작은 월간형 다이어리는 가볍고 디자인이 단순하다는 장점이 있습니다. 다이어리 작성에 부담을 느끼는 어린이에게 적합합니다. 반면 큰 월간형 다이어리도 있는데, 저학년 어린이에게 추천합니다. 이때 내지가 도톰해야 어린이들이 쓰기에 좋습니다. 틀

린 글자를 지울 때 종이가 잘 구겨지지 않거든요.

- 한 컷 그림 다이어리로 사용하기에 적합합니다.

- **기간을 고려한다**

  - 다이어리는 1년짜리 기록형 노트가 거의 기본이긴 하나 더 짧은 기간 사용하는 다이어리도 있습니다. 1년이 부담스럽다면 6개월짜리 다이어리를 구매해서 상반기형 다이어리, 하반기형 다이어리로 써도 좋겠죠. 더 가볍기도 하고요. 3개월짜리 다이어리도 있으니 참고하세요.
  - 대부분의 다이어리가 1월부터 시작하지만 3월이나 그 전해 12월에 시작하는 다이어리도 있습니다. 상황에 맞게 선택하면 돼요.

✅ 다이어리와
한 해를 무사히 건널 수 있도록

다이어리를 골랐다면 오래도록 깔끔하게 사용할 수 있도록 커버를 구매하면 좋습니다. 다이어리는 1년 동안 함께하는 공책입니다.

장기간 사용하는 만큼 금방 닳거나 구겨진다면 곤란하겠죠. 어린이는 어른보다 주의력이 약하므로, 자칫하면 다이어리에 물을 쏟는 등의 사고가 일어날 수도 있기도 하고요. 취향에 맞는 커버를 직접 고르게 하거나 아이와 함께 비닐 커버를 만들어서 씌워도 좋아요.

다이어리를 구매할 때는 직접 눈으로 보고 종이의 질감을 느껴 본 뒤 결정할 것을 추천합니다. 종이의 질감과 제본 상태에 따라 글씨를 쓸 때의 느낌과 즐거움이 크게 달라지거든요. 특히 아이들이 꾸준히 사용하게 하려면 글씨가 부드럽게 써지고 페이지가 잘 넘어가는지 확인하는 것이 중요해요. 또 단순히 예쁘다는 이유만으로 선택하기보다는 실용성과 편리함을 함께 고려해서 구매해야 합니다. 이때 꼭 기억해야 할 점은 아이에게 각 다이어리의 장단점을 충분히 설명하고, 아이의 마음에 드는 제품으로 골라야 한다는 사실입니다. 아이의 애착이 담긴 물건이어야 1년 동안 곁에 두고 품을 수 있으니까요.

다이어리를 구매하러 나들이하는 것이 새해를 준비하는 가족의 연례행사로 자리매김할 수 있으면 좋겠습니다. 차분하게 한 해를 마무리하면서 다이어리 속 지난 기록을 되돌아보고, 새해를 맞이하는 마음가짐을 새롭게 바로 세울 수 있도록요. 가족이 함께 이야기하며 다이어리를 고르다 보면 기록과 계획의 의미를 공유하고 서로 격려도 하게 됩니다. 이 과정에서 아이는 단순히 다이어리를 고르는 경험을 넘어 한 해를 돌아보고 다음 해를 계획하는 습관을 배우게 됩니다. 이런 경험이 반복되면 다이어리 구매와 기록 활동 자체가 소중한 성장의 통로로 자리 잡게 됩니다.

시간 관리 연습으로
함께 자라는 우리

 달력을 만들 듯 다이어리도 직접 만들 수 있을까요?

 물론 가능합니다. 다이어리도 달력처럼 직접 만들면 아이만의 특별한 기록 도구가 될 수 있겠지요?

먼저 간단한 방법으로 시작할 수 있어요. 빈 노트나 공책을 준비하고 페이지마다 날짜를 적어 하루를 계획하고 기록할 공간을 나누면 기본적인 형식을 갖춘 다이어리가 완성됩니다. 여기에 스티커, 색연필, 테이프 등을 활용해 꾸미면 아이가 직접 만든다는 재미와 소유감을 느끼게 되어 꾸준히 사용할 가능성이 높아집니다.

조금 더 체계적으로 만드는 방법도 있습니다. 예를 들어 한 달 달력, 매일 할 일과 감정을 기록하는 공간을 각각 만들어 구성하면 시중에 파는 다이어리 못지않게 활용도가 높아집니다. 이렇게 하면 단순한 기록 도구를 넘어 계획과 성취를 시각적으로 확인하는 맞춤형 도구가 됩니다. 아이는 기록하는 습관을 더 재미있고 의미 있게 느낄 수 있고요.

요즘에는 수제 북 바인딩을 체험해 볼 수 있는 원데이 클래스도 있으니 아이와 함께 해 보는 것도 좋겠습니다.

2

양육자도 함께 쓰는
다이어리

✅ 엄마도 엄마를 돌봐야 할 때

지금까지는 자녀의 자기 관리 능력과 시간 관리 능력의 중요성을 강조했습니다. 하지만 이 능력이 어린 자녀에게만 필요하지는 않습니다. 어른도 갖추어야 할 능력이죠.

"다른 아이들은 자기가 해야 할 일을 알아서 척척 잘 챙기는데 저희 아이는 아직도 아기 같아요. 다이어리도 써 보게 하고 체크리스트도 활용해 보게 하는데 그런 것 자체를 엄청 귀찮게 여겨요.

아이가 다이어리를 썼는지 안 썼는지를 매일 확인해야 하니 저한 테도 큰 스트레스입니다. 알아서 잘해 주었으면 좋겠는데, 왜 저희 아이는 그게 안 되는지 모르겠어요.”

이 같은 고민을 하는 양육자를 학교 현장에서 많이 만났어요. 언제까지 아이의 스케줄을 챙기고 수행 여부를 확인해야 하는지 답답해하기도 합니다.

그런데 생각을 조금 바꿔 볼까요? 육아는 자녀를 돌보고 챙기는 것이 전부가 아닐 거예요. 저는 육아가 아이와 함께 삶을 살아가는 일련의 과정이라고 생각해요. 우리의 삶은 따뜻한 바람에 순탄히 흘러갈 때도 있지만, 때로는 예상치 못한 일로 매서운 비바람을 맞기도 합니다. 육아도 마찬가지죠. 아이 덕분에 넘치게 행복한 날이 있는 반면 가끔은 당황스러울 정도로 버겁게 느껴지기도 합니다.

양육자가 다이어리를 써야 하는 이유가 바로 이것입니다. 셀프케어(self-care), 즉 양육자도 자신을 돌봐야 하기 때문입니다. 양육자가 다이어리를 쓰는 행위는 단순히 일정을 관리한다는 의미를 넘어섭니다. 나를 돌보고 나에게 집중하는 경험이 균형 잡힌 삶을 위해 필요합니다. 다이어리는 그것을 가능하게 합니다.

3부 ● 다이어리와 함께 자라나는 기록의 힘

✅ 나를 돌보는 최고의 방법

육아가 정말 힘든 이유는 무엇일까요? 아이를 키우는 일에 너무 몰입하다가 '나'라는 사람의 색깔을 잃기 쉽기 때문입니다. 아침에 10분 또는 아이를 재우고 난 뒤 10분만 시간을 내 보세요. 고요한 10분의 시간에 다이어리를 펼쳐 보세요. 거창한 주제로 멋진 내용을 적을 필요도 없습니다. 아주 가벼운 주제로 끄적여 보는 거죠. 예쁜 손 글씨가 아니어도 좋아요. 내가 나를 위해 생각하는 시간을 확보했다는 것, 그 자체로 중요합니다.

스스로에게 이런저런 질문을 던지는 과정은 내 마음을 들여다봄으로써 육아라는 힘든 여정 속에서도 나를 잃어버리지 않도록 도와줍니다. 다음 내용을 다이어리에 하나씩 적고 답해 보세요.

- 요즘 즐겨 보는 TV 프로그램은?

- 요즘 나를 웃게 하는 것은?

- 마음속에 담아 둔 해결되지 않은 고민이나 문제는?

- 가까운 미래에 달성하고 싶은 가벼운 목표는?

- 시간이 좀 걸리더라도 결국에는 이루고 싶은 원대한 목표는?

- 요즘 나에게 칭찬할 만한 점 하나만 찾아본다면?

- 스스로 채찍질할 필요가 있는 부분도 딱 하나만 찾아본
  다면?

- 요즘 나의 힐링 푸드는?

- 오늘 내가 한 말 중에 제일 근사한 말은?

- 오래도록 기억하고 싶은 오늘의 한순간은?

- 요즘 나의 스트레스 지수, 어느 정도 될까?

- 그 스트레스를 나는 어떻게 풀고 있지? (어떻게 풀고 싶나?)

시중에 이와 같은 질문거리들을 스티커로 제작해서 판매하는 곳
도 있답니다. '질문 스티커'라고 검색 포털에서 찾아보세요.

✔ 덤으로 얻는 모델링 효과

엄마 두진아, 일기 써야지.

두진 오늘 숙제에 일기 쓰기 없는데요?

엄마 꼭 숙제가 아니더라도 일기는 쓰면 좋지. 안 그래? 일기 쓰면
나중에 얼마나 좋은 추억이 되는데~. 문장력도 좋아지고!

두진 그렇게 좋은데 엄마는 왜 안 해요?

아이가 가끔 억울해하면서 말할 때가 있습니다. 저희 반 아이들도 볼멘소리를 하곤 해요. "몸에 좋으니까 꼭 다 먹으라고 하는데 정작 엄마는 남겨요.", "골고루 먹어야 한다면서 엄마는 밥 안 먹어요.", "일찍 자야 건강에 좋다고 하는데 아빠는 늦게 자요. 술도 먹고요."

당돌하긴 한데, 또 아이들의 말이 완전히 틀리지도 않습니다. 그렇게 좋으면 같이하면 되는데, 왜 일방적으로 권유만 하는지 아이들 입장에서는 이해가 안 될 만도 합니다.

세상에는 아이와 양육자가 함께하면 좋은 것이 정말 많지만, 저는 그중에서도 다이어리 쓰기만큼은 꼭 양육자에게도 권합니다. 양육자가 자기를 살피고 돌보는 모습을 보이면, 자연스럽게 아이들도 그 모습을 따라 배웁니다. 자기 자신을 소중히 하고 존중하는 모습을 직접 보여 주세요. 아이도 자신을 존중하게 됩니다.

- "엄마는 오늘 이런 일들을 하려고 다이어리에 적어 봤어. 오늘 이 일들 다 할 수 있을까? 한번 볼래?"
➡ 아이에게 오늘 세운 여러분의 계획을 보여 주세요. 엄마의 꾸준함을 은연중에 아이에게 노출해 주세요.

- "엄마가 오늘 읽은 책 중에 정말 좋은 구절이 있어서 다이어
  리에 적었어. 어때?"
➡ 아이에게 "책 읽어!"라고 말하는 것보다 훨씬 강력하게 영향
  을 미치는 독서 권유 방법입니다.

- "오늘은 피곤하네. 그래도 한 문장이라도 적고 자야겠다."
➡ 꼭 빈칸을 완벽히 채울 필요는 없잖아요. 하루를 기록하는
  습관만큼은 지키는 모습은 훌륭한 본보기가 됩니다.

모델링은 직접 가르치는 것보다 시간은 오래 걸릴지 모르나, 그
만큼 강력한 효과가 있습니다. 아이는 부모가 자신에게 내리는 명
령과 지시, 권유와 청유보다 부모가 삶을 살아가는 방식, 그 전체를
조망해서 배웁니다. 나를 돌봐 주는 다이어리가 우리 자녀도 돌봐
주는 셈입니다.

✔ 육아에 필요한 명언

글을 읽거나 기록하는 행위는 마음을 바로 세우는 데 무척 효과적

입니다. 필사는 단순히 정보를 기록하는 것이 아니라, 나 자신을 돌보는 명상의 기능도 해요. 우리가 세상을 살면서 자칫 잊기 쉬운 감사하는 마음과 긍정적인 사고방식도 필사를 통해 채울 수 있습니다.

육아를 하면서 제게 힘이 되었던 따뜻한 명언들을 소개합니다. 힘들 때마다 다이어리에 필사하며 읽으면 큰 위로와 격려가 됩니다. 꼭 명언이 아니더라도 괜찮아요. 책을 읽으면서 기억에 남은 구절이나 성경 등을 필사하는 것도 좋습니다. 목표가 있는 필사는 가벼운 의무감도 가져다주기 때문에 성취감까지 얻을 수 있어요.

- 완벽한 부모가 되려고 애쓰지 말고 행복한 부모가 되어라.
  _앤드루 솔로몬
- 부모가 아이에게 줄 수 있는 최고의 선물은 자기 자신을 사랑하는 모습이다. _루이스 헤이
- 아이들은 부모가 말하는 것을 보고 배우지 않고 부모가 행동하는 것을 보고 배운다. _칼 융
- 아이들을 키우는 것은 그들이 어른이 되는 과정에 동참하는 것이다. _에리카 종
- 가지지 못한 것에 대한 욕심으로 가진 것을 망치지 마세요. 지금 여러분이 가진 것 역시 한때는 바라기만 했던 것 중 하

나였습니다. _에피쿠로스

- 최고의 가르침은 아이에게 웃는 법을 가르치는 것이다. _프
  리드리히 니체

- 네 장미를 소중하게 만드는 것은 바로 네가 장미를 위해 쏟
  은 시간이야. _『어린 왕자』(앙투안 드 생텍쥐페리)

- 어른들은 누구나 처음에 어린이였다. 그러나 그것을 기억하
  는 어른은 별로 없다. _『어린 왕자』(앙투안 드 생텍쥐페리)

- 이 길모퉁이를 돌면 무엇이 있을지 알 수 없지만 전 가장 좋
  은 게 있다고 믿을래요. _『빨강 머리 앤』(루시 모드 몽고메리)

> **TIP**
>
> 시중에 육아에 도움이 되는 명언을 모아 놓은 일력도 많이 나와 있
> 습니다. 인터넷 서점에 '일력'이라고 검색해 보세요. 그중 여러분의
> 취향에 맞는 일력을 골라 활용해 보세요.

✔ 나와의 챌린지

우리 아이들은 하루에도 여러 번 무언가를 해냅니다. 해내고 싶

은 것도 많고, 해내야 할 것도 많지요. 젓가락질이 서툴던 어린이가 젓가락질을 해내고, 줄넘기를 10개도 하지 못했던 어린이가 그걸 해냅니다. 받아쓰기 연습을 열심히 해서 좋은 결과를 얻기도 해요. 가위질이 서툴렀는데 그걸 해내고, 어려운 종이접기도 해냅니다. 해낼 것이 많은 어린이는 매 순간 기쁩니다. '내가 해냈어!' 하는 성취감이 아이 마음속에 꽉 차 있으니까요. 앞으로도 더 잘 해내리라는 자신감은 말해 무엇 하고요. 성취감과 자신감으로 무장한 아이는 오늘보다 더 나은 내일을 기대합니다.

양육자도 마찬가지 아닐까요? 사실 우리도 매일 무언가를 해내고 있습니다. 그런데 우리는 우리가 해낸 일에는 많이 둔감한 것 같아요. 우리도 해낸 기분을 충분히 만끽한다면, 오늘보다 내일이 기다려지는 사람으로 삶을 더욱 생기 있게 살 수 있을 것입니다.

여러분이 요즘 해내고 있는 것은 무엇인가요? 이미 해낸 것을 놓치고 있지 않나요? 여러분도 자신의 해냄을 발견해서 기록해 봅시다. 또 앞으로 해내야 할 것들에 기꺼이 도전해 봅시다.

- 10분 독서

- 일주일 세 번 운동하기

- 아침에 일어나서 따뜻한 차 마시기

- 스트레칭하기

- 우리 아이 칭찬하기

- 고맙다고 말하기

- 채소부터 먹기

- 음식 천천히 꼭꼭 씹어 먹기

✅ 나를 향한 칭찬 메시지

육아라는 일이 버겁게 느껴지는 날에는 자책하기 쉽습니다. 육아라는 원대한 일을 하기에 내가 너무 못나고 부족한 사람으로 여겨지기도 해요. 그럴 때 나를 일으켜 세우는 건 역시 '말'입니다. 누군가가 나를 일으켜 세워 주는 말을 해 주면, 그 말에 위로받고 또 힘이 납니다.

그 누군가를 외부에서 찾지 마세요. 내가 나를 향해 토닥토닥 위로의 말과 으라차차 응원의 말을 건네 봅시다.

저도 다이어리 한편에 매일 나 자신을 위한 칭찬 메시지를 꼭 적습니다. 마치 내가 나에게 짤막한 쪽지를 남기는 것처럼요. 게으름과 능력 부족으로 완전히 망친 하루도 있어요. 그런 날도 거르지 않아요. 칭찬 메시지를 짧게 적는 날도, 스스로 넘치게 칭찬하고 싶은 마음에 길게 적는 날도 있습니다. 부끄럽지만 뭐 어때요. 나를 돌보는 내 다이어리잖아요.

이런 말 어때요?

제가 실제로 자주 쓰는 셀프 칭찬 메시지를 공개합니다. 참고해서 다이어리에 매일 하나씩 적어 보세요. 나의 하루가 한결 멋지게 포장됩니다.

- 오늘 딸들이랑 많이 웃었네. 그것만으로도 의미 있었다.
- 정말 잘 버틴 하루. 대단했어.
- 잠깐 쉬어도 돼. 지칠 만큼 할 필요는 없잖아.
- 버겁다는 말 싫어하지만, 오늘은 인정해야 해. 버거웠던 하루. 내일은 좀 더 가벼워지자.
- 실수해도 괜찮아. 완벽할 수 없지.
- 확실한 건 그래도 어제보단 좋았던 하루였다는 것.
- 아이를 키우며 나도 자란다는 걸 실감하는 요즘. 많이 자라고 있다, 나 자신.
- 오늘 정말 많이 배웠다. 그만큼 성장했을 거야. 오늘 배운 것이 날아가 버린다 하더라도 내 안에 아주 조금이라도 남을 거야. 고생했다.

- 내가 딸들에 대해 너무 걱정하고 있는 건가 싶지만, 이렇게 걱정하는 것도 내가 좋은 부모라는 증거 아니겠어? 그리 믿자.

- 나를 너무 희생시키지 말자. 나를 지키면서 함께 크자.

- 오늘 우리 딸들에게 사랑을 많이 줬다고 자부한다. 이게 뭐라고 참 뿌듯한걸.

- 나는 분명히 누군가에겐 따뜻한 사람.

- 지친다. 조금만 더 지쳐 있다가 다시 일어나자. 아자!

- 작은 행복을 찾아보자. 너무 부러워 말자.

- 나 오늘 정말 노력했다. 애썼다. 복 받을 거다!

- 지금 이대로도 정말 충분히! 괜찮다. 오늘도 충분히! 괜찮았어.

- 그래! 나도 실수할 수 있지. 자괴감 저리 가. 훠이! 훠이!

- 우리 가족에게 나는 정말 중요한 사람. 무너지지 말자. 잘하고 있어.

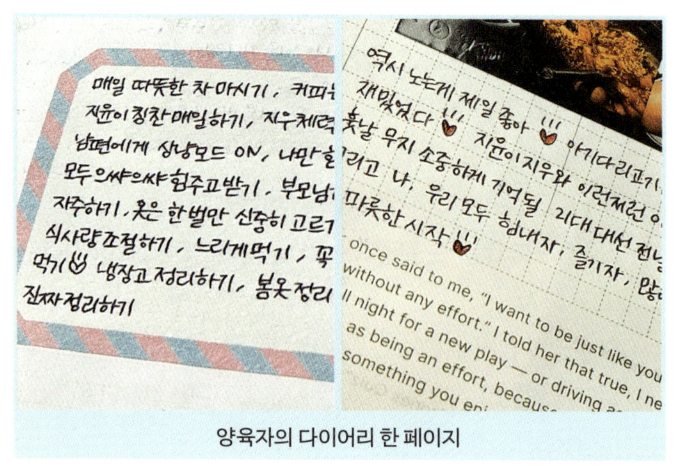

양육자의 다이어리 한 페이지

3부 • 다이어리와 함께 자라나는 기록의 힘

- 내일 출근길에는 나를 위해서 따뜻한 라테 한 잔 사 가야지. 내일도 힘내자!
- 내 잘못이 아니다. 자책감은 저 멀리 두고 꿀잠 자자.
- 힘내자! 나 자신! 잘하고 있다! 나 자신!

같은 메시지를 여러 날에 걸쳐 반복해서 적기도 합니다. 그만큼 나에게 힘이 되는 메시지라면, 횟수가 중요하지 않겠지요?

시간 관리 연습으로
함께 자라는 우리

 다 쓴 다이어리, 어떻게 처리하면 좋을까요?

 절대! 버리시면 안 됩니다! 다 쓴 다이어리는 아이의 성장 기록으로 소중히 보관하는 것이 좋아요. 다이어리에는 그해의 일정뿐만 아니라 아이가 어떤 생각을 했는지, 어떤 어려움을 극복했는지, 어떤 성취를 이루었는지가 담겨 있기 때문입니다. 책장 한편에 해마다 다이어리를 모아 두세요. 훗날 아이가 스스로 돌아볼 수 있는 '나의 성장 앨범'이 되거든요.

마무리 의식을 만들어 주는 것도 좋아요. 예를 들어 다이어리 마지막 장에 '올해의 나에게 편지 쓰기'를 하고 새로운 다이어리를 쓰기 전에 부모와 함께 지난 다이어리를 넘겨보며 기억을 갈무리하는 시간을 가지는 겁니다. 다 쓴 다이어리는 아이의 삶을 담은 역사이자 추억의 보고로 남을 것입니다.

여행지에서
함께 쓰는 다이어리

✅ 얘들아, 이제 일기 써야지?

엄마 얘들아, 이번 캠핑 어땠어?

자녀 재밌었어요! 내일이 월요일이라니! 다시 토요일이면 좋
겠다!

엄마 토요일은 또 돌아오잖아. 힘내! 그나저나 이제 일기 써야
지? 주말 숙제잖아.

자녀 하⋯. 일기 써야 한다니. 진짜 쓰기 싫다⋯. 피곤해요⋯.

엄마 일기 쓰라고 하니까 갑자기 피곤한 것 같은데? 놀 땐 그럴

게 신나하더니, 일기 쓰려고 하니까 막 피곤이 몰려오지?

주말을 이용해 캠핑이나 글램핑을 다녀오는 가정이 꽤 많습니다. 1박 2일로 펜션 여행을 간다거나 근교 도시에 나들이를 가기도 하죠. 방학이면 좀 더 먼 곳으로 길게 휴가를 떠나는 가족도 흔하게 볼 수 있습니다.

부모로서는 비싼 돈과 귀한 시간을 들여서 자녀와 행복한 추억을 남기기 위해 큰마음 먹고 준비한 나들이입니다. 그래서인지 아이들도 행복을 만끽하며 여행을 흠뻑 즐겨요. 아이의 진실한 미소를 보고 있자니 일주일간 쌓인 스트레스가 모두 날아가는 듯합니다.

문제는 나들이를 다녀온 직후입니다. 행복한 여행을 다녀왔으니 이제 이걸 글로 남기면 좋겠는데 자녀가 협조적이지 않아요. 잘 놀고 와서는 갑자기 피곤함을 호소합니다. 놀 때는 참 즐거워했는데 일기 쓰는 일은 너무 힘들어해요. 그런 자녀의 모습을 보고 있자니 답답하기만 합니다. 일기 쓰는 게 정말 그렇게 힘든 건지 한심하기까지 해요.

3부 ● 다이어리와 함께 자라나는 기록의 힘

✔ 여행 다녀온 후 일기 쓰기는
　정말 힘들다!

　여행 다녀와서 일기 쓰는 일은 정말 힘들긴 합니다. 여행 다녀오자마자 빨래하는 일, 솔직히 너무 힘들고 귀찮지 않나요? (저만 그런가요?) 여행지에서 나의 에너지를 모두 쏟아부은 만큼 집에 왔을 때 피곤함이 밀려오는 건 사실입니다. 게다가 내일은 월요일! 일주일 동안 고생할 내 모습을 떠올리니, 지금은 모든 일을 다 제쳐 두고 얼른 씻고 눕고만 싶어요.

　아이들도 마찬가지겠죠. 너무 쓰기 싫고, 빨리 눕고만 싶습니다. 억지로 써야 하니 글씨가 괴발개발입니다. 여행은 즐거웠지만 일상으로 복귀하는 일은 아이에게도 역시나 부담이고요. 그렇다고 여행을 안 갈 수도 없는데, 왜 여행의 끝은 "너 빨리 일기 안 써?" 하는 잔소리로 마무리되는 걸까요?

✔ 여행지에서 일기를 쓰자

　그렇다면 생각을 바꿔 봅시다. 여행은 행복하고, 여행 후의 일기 쓰기는 힘든 일이니, 여행 중에 일기를 쓰는 거죠. 여행지에서 일기를 쓰면 좋은 이유가 있습니다.

- **생생한 기억을 남길 수 있다**
  - 여행을 마치고 나면 아무래도 행복했던 기억이 약간은 휘발됩니다. 특히 내가 했던 말, 들었던 말같이 세부적인 기억은 완전히 흐려집니다. 여행지에서 바로 기록을 해 두면 그날의 감정과 분위기까지 더 생생하게 남길 수가 있어요.

- **억지로 쓰지 않게 된다**
  - 여행 중에 일기를 쓰면 감정이 훨씬 깊이 담깁니다. 솔직하게 쓸 수 있기 때문이죠. 몇 달 후에 읽어 보면 그날의 감정이 느껴질 거예요. 억지로 쓰는 일기와 느낌 자체가 다를 겁니다. 다시 한번 여행하는 기분이 고스란히 느껴질 거예요.

✔ 여행의 시작부터 함께하는 일기

만약 이동 시간이 길다면, 여행지에 도착하기 전까지의 소회를

 3부 ● 다이어리와 함께 자라나는 기록의 힘

기록으로 남기면 좋습니다. 원래 여행은 목적지로 가는 길이 가장 두근두근, 설렘 지수가 제일 높은 법이죠?

2020년 7월, 각각 초등학교 5학년과 1학년이던 딸들과 여름방학을 맞이하여 여수, 순천으로 여행을 갔어요. 김포에서 여수로 국내선 비행기를 타고

비행기에서 일기 쓰는 모습

이동했는데요, 아이들은 약 50분간의 비행을 일기를 쓰며 보냈습니다. 대신 딱 세 줄만 쓰기로 약속했어요. 그런데 여행의 설렘을 세 줄로 담기가 더 어려웠던 아이들은 "엄마, 다섯 줄로 늘려 주시면 안 돼요?"라며 오히려 사정하기까지 했지요.

어차피 해야 할 방학 과제라면, 아무래도 행복한 마음일 때, 즐겁게 하는 것이 더 좋겠죠? 이때 기억할 점은 여행을 시작하는 단계에서부터 일기를 쓰려면 아이들 가방에 일기장이나 다이어리가 늘 있어야 한다는 사실!

✔ 장소마다 쓴다

한곳에 머무는 일정이 아니라 장소의 이동이 많은 여행의 경우, 장소를 옮길 때마다 일기 쓰기를 추천합니다. 단, 일기의 내용이 너무 길지 않아야 합니다. 장소마다 모두 쓰다 보면 일기의 길이가 꽤 길어질 테니까요. (물론 길게 써도 좋습니다. 길게 쓰려고 하는 아이를 굳이 막을 이유는 없겠죠?) 장소마다 일기를 써야 하는 상황이니 아이들이 너무 부담 느끼지 않게, 되도록 짧게 쓰는 것을 강조하세요.

엄마　쇠소깍 너무 아름답다. 어떻게 이렇게 물 색깔이 예쁘지? 우리 천지연 폭포 가기 전에 잠깐 차 한잔하고 갈까?

자녀　좋아요!

엄마　우리 여행 기록 딱 세 줄만 쓰고 가자. 더도 말고 덜도 말고 딱 세 줄. 너무 길게 쓰면 반칙이야? 알겠지?

자녀　좋아요! 엄마, 쇠소깍 입장권 붙여도 되나요?

엄마　그럼, 당연하지!

입장권, 팸플릿 등도 버리지 말고 활용하세요. 여행 기념으로 남기기에도 좋고, 다이어리나 일기장의 여백을 채우는 데도 아주 유용합니다. 장소를 옮길 때마다 일기를 쓰려면 책상이나 의자가 없는 곳에서도 일기를 써야 하는 상황이 간혹 생깁니다. 그래서 글씨를 바르게 쓰기가 어려운 경우도 있습니다. 기꺼이 이해해 주어야합니다. 저는 그런 일기가 그만큼 현장감이 살아 있는 기록이라고생각해요.

✅ 말! 말! 말!

꼭 했던 일을 적지 않아도 됩니다. 누군가의 말을 적어도 되죠. 아이가 이곳에서는 딱히 쓸 게 없어서 안 쓰고 싶다고 하면, 상황에 따라 당연히 건너뛰어도 됩니다. 그런데 만약 문장을 만들어 내는 것을 어려워한다면 이렇게 말해 주세요.

"우리가 뭘 했는지 적지 말고, 거기서 엄마나 네가 한 말을 적는 건 어때? 예를 들면 이렇게 적는 거야. '쇠소깍에서 우리 엄마의 한마디: 여기 옛날에 선녀가 100명은 살았겠다!', '천지연 폭포에서 나의 한마디: 엄마, 우리 저녁은 흑돼지죠?'"

2020년 여수 여행을 갔을 때, 일기는 여행지에서 세 줄씩 간단하게 쓰며 완성했지만 조금 더 특별하게 그 순간을 추억하고 싶었습니다. 그래서 2박 3일간 스마트폰으로 찍은 사진을 컬러 프린터로 인쇄했습니다. 그리고 다양한 사이즈로 오려 자유롭게 붙였지요. 그리 고된 일은 아니었습니다. 오히려 좋았던 기억을 한 번 더 꺼내 볼 수 있어서 행복했답니다.

아이도 학교에서 그 사진 도움을 많이 받았다고 하더군요. 방학 동안에 있었던 일을 그림으로 그리는 수업을 했는데, 사진 속의 한 장면을 그렸다고 해요. 아무래도 사진이 있으니 그림 그리기가 수월했겠지요? 이렇게 생동감 있는 일기에 사진이 한몫했습니다.

✔ 휴대용 인화기를 추천합니다

세상 참 좋아졌습니다. 컬러 프린터기를 직접 들고 다닐 수 있으니까요! '휴대용 인화기' 덕분인데요, 스마트폰이나 카메라로 찍은 사진을 즉석에서 출력할 수 있는 초소형 프린터라고 할 수 있겠습니다. 즉석카메라와는 조금 다릅니다. 휴대전화로 찍은 사진을 인화할 수 있다는 것이 특징이죠.

저는 잉크가 따로 필요 없는 제로 잉크(ZINK) 방식의 휴대용 인화기를 사용합니다. 이 방식의 휴대용 인화기는 물이 묻어도 번지지 않아서 좋아요. 인화지만 구매하면 되는 데다 인화지의 뒷면이 스티커여서 다이어리나 스크랩북을 꾸밀 때 적합해요. 무게도 무겁지 않아서 저는 평소에도 늘 들고 다닙니다. 언제든 다이어리를 쓸 수 있게 말이죠.

휴대용 인화기가 있으니 여행 중 다이어리나 일기를 쓰는 것이 더 즐거운 일이 되었습니다. 풍광 좋은 카페에 자리 잡고 앉아 온

TIP

여행지에서 기록할 때

가위와 풀이 있으면 좋습니다. 그런데 비행기에 탑승할 때 가위는 위탁 수하물로 붙여야 하는 번거로움이 있어요.
그래서 저는 미니 가위를 애용합니다. 가윗날이 3센티미터 정도로 짧아서 소지하고 비행기에 탑승할 수 있답니다. 절삭력이 훌륭하진 않지만 그래도 여행지에서 유용하게 쓰입니다.

가족이 각자의 스타일대로 여행 기록을 남기고, 그걸 돌려 읽는 재미도 쏠쏠했어요. 중학생이 된 첫째에게는 아예 새로 한 대를 사 주었습니다. 나의 기록을 더욱 풍성하게 하는 휴대용 인화기, 적극 추천합니다.

여행에서 기록을 남기던 순간

    3부 ● 다이어리와 함께 자라나는 기록의 힘

✅ 태블릿 PC를 이용한 기록은 어떤가요?

태블릿 PC를 이용한 기록도 좋습니다. 터치 펜을 써서 자유롭게 남길 수 있고, 잘못 썼거나 마음에 안 드는 부분을 언제든지 지울 수 있다는 장점이 있지요. 또 태블릿 PC나 스마트폰으로 찍은 사진을 바로 이용해서 메모장에 기록을 할 수 있다는 것도 장점입니다.

요즘 어린이들은 가르쳐 주지 않아도 각종 툴을 다루는 데 능숙합니다. 아이들의 스타일에 맞게 활용하세요. 남는 건 기록입니다! 태블릿 PC를 게임하는 데만 사용하고 있지는 않으시지요? 기록의 용도로 적극 활용해 보세요.

> **✏️ T I P**
>
> **구글 캘린더로 서로의 일정을 공유하기**
>
> 가족 모두가 구글 계정을 가지고 있으면 해외여행을 갈 때 유용합니다. 활용 방법은 다음과 같습니다.
>
> ① 구글에서 가족 그룹 만들기
>   - 구글 계정으로 families.google에 접속하기

- '가족 그룹 만들기' 버튼을 클릭하고, 가족의 구글 이메일 주
  소를 입력해서 초대하기
- 초대받은 구성원이 초대를 수락하면 가족 그룹 생성 완료

② 가족 캘린더 활성화하기
- 가족 그룹이 생성되면 자동으로 활성화되는 가족 캘린더
- 구글 캘린더 앱에서 '가족' 항목을 확인하고 일정을 추가하면
  공유 완료

방문하고 싶은 곳을 구글 맵에 가족마다 다른 색깔로 즐겨 찾기 해
두면, 아이들도 직접 길을 찾을 수 있어 여행에 적극적으로 참여하
게 돼요.

시간 관리 연습으로
함께 자라는 우리

 생활 여건상 여행을 가기 힘든 가정입니다. 일기에 쓸 거리를 어떻게 만들어 줄 수 있을까요?

 일기를 쓸 때, 꼭 어떤 체험을 해야만 일기를 쓸 수 있다고 생각하는 어린이가 많아요. 여행이나 특별한 사건이 없어도 아이가 일기에 쓸 거리는 충분히 만들 수 있습니다.

일상에서의 소소한 경험을 관찰하거나, 평범한 활동을 놀이처럼 바꾸어 주는 것만으로도 글감이 생길 수 있어요. 예를 들어 오늘 저녁 반찬 중에 가장 맛있던 음식이나 산책길에서 만난 고양이 같은 작은 발견은 훌륭한 주제가 됩니다. 집 안에서 일어난 일도 특별한 경험으로 바꿀 수 있습니다. 가족이 함께 요리한 일, 방 청소 중에 우연히 발견한 오래된 물건에 얽힌 이야기를 적는 것도 좋습니다.

또한 상상력을 동원해 "만약 내가 새라면?", "내가 로봇이라면?"과 같은 주제를 일기로 풀어내거나, 하루 중 가장 즐거웠던 순간과 아쉬웠던 순간을 기록해도 됩니다.

중요한 것은 일상에서 발견한 작고 소중한 경험을 기록하는 힘을 길러 주는 일입니다.

스터디 플래너
활용하기

✔️ 스터디 플래너를 선물하다. 그런데…

엄마 자, 이제 너도 6학년이니까 이걸 써 봐도 좋겠어.

자녀 이게 뭔데요?

엄마 '스터디 플래너'라는 거야.

자녀 우아, 예쁘다. 공부한 내용을 여기에 적는 거예요?

엄마 맞아. 오늘부터 여기에 숙제, 시험 공부한 내용을 적어 봐.

고학년이 되면 자녀에게 스터디 플래너를 사용하게 하는 학부모님들이 있습니다. 요즘에는 스터디 플래너가 귀엽고 세련되게 나와서 새 공책을 선물받은 아이들도 좋아합니다. 저도 6학년 담임을 할 적에 반 아이들에게 스터디 플래너를 선물한 적이 있어요.

한 달 뒤쯤, 스터디 플래너를 잘 사용하고 있는지 아이들에게 물었습니다. 그런데 실제로 사용하고 있는 아이는 우리 반에 딱 한 명뿐이었어요. 조금 서운하기까지 했습니다. 선물받을 때는 분명 아이들 모두 만족하고 행복해했는데 이렇게 바로 버려질 줄이야…. 스터디 플래너를 잘 쓰고 있다는 한 명의 친구에게 비결을 물어보았습니다. 답변은 이랬습니다.

"저는 그거 어떻게 쓰는지 알아요. 오빠가 쓰는 거 봤어요."

아뿔싸. 바로 이것이 문제였습니다. 저는 아이들에게 스터디 플래너만 사줬을 뿐, 스터디 플래너를 어떻게 쓰는지는 알려 준 적이 없었어요. 좋은 도구를 주었지만 도구 사용법은 알려 주지 않았던 거지요. 물론 도구 사용법을 스스로 익히는 능동성과 적극성이 우리 아이들에게 탑재되어 있다면 참 좋을 텐데, 그런 아이들은 정말 극소수이고 대부분은 그렇지 않아요. 스터디 플래너를 사용하게 하려면 쓰는 요령도 친절히 알려 주어야 합니다.

☑ 초등학생이
스터디 플래너를 쓴다면?

• 초등학교 6학년 아이들에게 추천합니다

스터디 플래너는 어느 정도 학습량이 있는 아이들에게 필요한 기록형 노트입니다. 공부할 때 어떤 걸 먼저 하고 어떤 걸 나중에 할지 순서를 정해야 하는 경우가 있지요. 그런데 어떤 어린이는 해야 할 일이 많고, 또 상황에 따라 그 순서가 자꾸 달라지기도 해요. 이럴 때 스터디 플래너를 쓰면 훨씬 좋아요.

예를 들어 수요일에 영어 학원을 간다면 화요일에는 우선순위가 영어 숙제가 되겠지요. 수학 문제를 푸는 것을 더 좋아한다고 해서 수학 공부가 1순위가 될 수는 없는 것입니다. 반대로 이번 주 금요일에 수학 학원에서 단원 평가를 본다면, 목요일의 공부 1순위는 수학 공부가 될 것이고요. 해야 할 일을 눈으로 보면서 차례대로 정리할 수 있고 필요할 때 쉽게 순서를 바꿀 수도 있는 스터디 플래너를 활용하면 편합니다.

그런데 아직 나이가 어린 아이는 학습량이 많지 않고 공부의 내용도 단조롭습니다. 그렇다면 굳이 스터디 플래너를 추가로 사용할 필요는 없습니다. 다이어리를 꾸준하게 사용하는 습관만으로도 충분합니다.

• 두꺼운 것보다 얇은 것으로 고르세요

안타깝게도 많은 사람이 새 공책을 사는 일에 망설임이 없습니다. 그런데 그 공책을 끝까지 쓰는 사람은 소수입니다. 스터디 플래너도 마찬가지예요. 구매했다면 끝까지 써야 합니다. 몇 장만 쓰다 마는 습관은 안타깝게도 중도 포기를 의미합니다. 아무래도 두꺼운 공책이 얇은 공책보다 끝까지 쓰기가 어렵겠죠. 얇은 공책을 통해 아이에게 잦은 성공 경험을 제공해 주세요.

• 우리 아이에게 알맞은 시간 단위를 선택하세요

스터디 플래너는 10분 단위로 점검하는 것이 기본입니다. 그런데 목표 시간 안에 과업을 해낼 때는 시간 단위로 점검하는 것이 좋지만, 이것 때문에 오히려 시간에 사로잡혀 공부의 질은 낮아질 수도 있어요.

10분 단위가 너무 부담스럽다면 30분 단위로 나눠도 괜찮아요. 공부가 끝난 뒤 오늘 내가 얼마나 집중했는지 별표나 색깔로 표시하는 정도로도 충분해요.

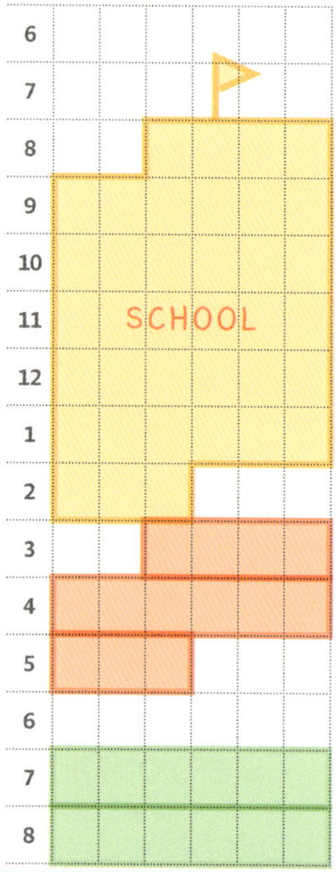

스터디 플래너를 활용한 예

- **수행 여부를 표시할 때는 O, X가 아니라 수행 정도까지 표시하는 것이 좋아요**

스터디 플래너는 학습 계획을 먼저 쓰고, 그것을 달성했는지를 눈으로 확인시켜 주지요. 어떤 스터디 플래너는 실제로 했는지 하지 않았는지를 단순히 O, X로 점검하는 것을 넘어서 그 정도를 상, 중, 하(표정이나 별점으로 표현해서) 중에서 고를 수 있게 합니다. 학습에 어떤 마음가짐으로 참여했으며, 결과물은 어떠한지 자기 평가를 할 수 있게 하는 것이 초등학생에게는 중요합니다.

이탈리아의 수도 로마, 로마 공항에서 바이올린으로 즉흥 연주를 한 만 열 살 소녀 김연아 양을 아시나요? 영상이 공개되고 6개월 만에 조회 수가 1억 회가 넘었다고 하죠. 연아 양이 TV 예능 프로그램에 출연해서 자신의 연습 일지를 공개했습니다. 다섯 살 때부터 엄마와 함께 일지를 썼다고 해요. 연아 양의 일지에는 자신의 연습량과 내용뿐만 아니라 수행도도 적혀 있습니다. 연아 양도 처음에는 자신의 부족함을 적는 것이 너무 싫었다고 해요. 그렇지만 그 수행도가 결국 완벽하고 섬세한 연주로 빛을 발하게 되었습니다. 학습도 이와 다르지 않습니다.

✅ 시험 대비는 어떻게 해야 할까?

• 여러 과목을 준비해야 한다면

제일 중요한 것은 과목별 시간 분배입니다. 부족한 과목은 더 많은 시간을 할당해야 하고, 능숙한 과목은 시간을 많이 들일 필요가 없으니까요. 지금 내가 더 많은 시간을 들여야 하는 과목이 무엇인지를 알아야 합니다. 더 중요한 것은, 그 과목 안에서도 나의 시간과 노력이 더 들어가야 할 영역이 어디인지를 파악하는 일입니다.

• 포모도로 기법을 사용합니다

포모도로 기법은 25분 집중한 다음 5분 휴식을 취하는 방식입니다. 단기간에 많은 내용을 공부해야 할 때 이 방법을 추천합니다. 다만 초등학생에게 포모도로 기법을 곧바로 적용하면 아이들이 당황할 수 있으니 차근차근 접근해 보는 것을 추천합니다. (양육자도 함께 해 주세요. 일방적으로 명령하는 느낌이 들지 않게요!)

엄마 우리 오늘은 새로운 공부 방법 한번 도전해 볼까? 이름이 포모도로 기법이야.

자녀 포모도로? 토마토 같아!

엄마 맞아. 원래 이탈리아어로 토마토라는 뜻이야. 토마토 모양의 주방 타이머에서 시작된 방법이거든.

자녀 어떻게 하는 거야?

엄마 간단해! 먼저 25분 동안 딱 집중해서 공부하는 거야. 그러고 나서 5분 동안 쉬는 거지.

자녀 25분 동안은 놀면 안 돼?

엄마 응, 그 시간에는 오직 공부만! 대신 5분 쉬는 시간에는 물도 마시고 스트레칭도 하고 잠깐 눈도 감아도 돼. 춤도 춰도 돼! 시험이 다가올 때 이 방법을 쓰면 집중도 잘 되고 머리도 덜 아프대.

자녀 좋아! 지금부터 포모도로로 해 보자!

엄마 엄마는 25분간 책 읽으면서 메모할 건데, 너는 25분 동안 무슨 공부할 거야?

• 타임박싱 기법도 좋습니다

타임박싱 기법은 일정 시간 내에 특정한 작업을 끝내겠다는 목표를 세워서 하는 시간 관리 기법입니다. 시간을 정해 두고, 그 시간이 지나면 다른 과제로 넘어가겠다는 다짐을 하는 거죠. 따라서 해당 시간 동안에 집중력을 발휘할 수 있어요. 특히 해야 할 과제가 많을 때 효과적입니다.

'10시 30분까지 영어 단어 20개 외우기, 11시까지 수학 문제집 19~20쪽 풀기'라고 목표를 정했다고 가정해 볼까요? 만약 10시 30분까지 영어 단어를 20개 다 외우지 못했더라도 그만두고 수학 문제집 풀기로 넘어가야 해요. 수학 문제집을 좀 더 빨리 풀어야 아까 외우지 못했던 영어 단어를 외울 수 있겠죠? 이런 일이 생기지 않으려면 시간 안에 다 외울 수 있도록 집중해야 하고요. 이것이 익숙해지면 영어 단어 20개를 외우는 데 시간이 얼마나 걸리는지도 알게 됩니다.

초등학생이 스터디 플래너를 잘 사용하고자 노력하는 이유는 지금 당장의 성적 향상을 위해서가 아닙니다. 그보다는 중학교부터 시작될 장기 레이스의 기초를 다지기 위함이라는 점을 잊지 마세요.

시간 관리 연습으로
함께 자라는 우리

 스마트폰 앱에 있는 스터디 플래너를 활용할 수도 있나요?

 앱을 활용하면 하루에 해야 할 일을 효율적으로 관리할 수 있다는 장점이 있습니다. 스마트폰만 있으면 언제 어디서나 학습 계획을 세울 수 있고, 수정하기도 편리합니다. 또 매일 반복되는 일은 자동으로 불러올 수도 있고, 공부 시간을 알아서 계산해 주기도 하지요. 대표적인 앱으로는 타임블록, 포레스트, 타임트리 등이 있습니다.

하지만 좋은 점만 있지는 않습니다. 휴대전화를 사용하는 동안 다른 앱을 사용하거나 SNS, 동영상 등에 쉽게 접근할 수 있다는 치명적인 단점이 있거든요. 스터디 플래너 앱을 실행했다가 휴대전화의 유혹을 끊어 내고 다시 공부에 몰입하는 일이 힘들 수 있다는 거죠. 그래서 다소 번거롭고 불편하더라도 자신의 계획을 직접 손 글씨로 적는 방식을 우리 아이들에게 더 권한답니다. 게다가 손으로 글자를 쓰면 뇌에 더 많은 영역이 자극되어, 내용을 오래 기억할 수 있답니다.

시간아, 흘러라! 노래를 부르던 날들도 있었습니다.

그런데 이제는 이 순간에도 사라지고 있는 시간을 붙잡고 싶어요.

순간을 붙잡는 방법이 정말 있더라고요.

바로 기록입니다.

이것이 제가 손끝으로 하루를 기록하는 이유입니다.

내가 오늘 하루 동안 이룬 것들과 잃은 것들을 적다 보니, 내일 이룰 것들

이 더욱 선명해졌습니다.

그 선명함이 참 좋았습니다.

달력 한 칸에 적은 한 줄의 메모.

감사한 것을 찾아 적은 나의 문장.

이것들은 곧 하루를 소중히 여기는 마음으로 연결된다고 확신합니다.

기록을 사랑하는 사람으로,

기록하며 살아가는 사람으로,

지금을 누리는,

아이의 든든한 동행자가 되어 주세요.

그 과정에서 이 책이 여러분께 작은 이정표가 되었으면 합니다.

미루지 않고 해내는 아이의 비밀

시간 계획만 잘 세워도 학교생활이 달라집니다

초판 1쇄 펴낸날 2025년 12월 22일

지은이 김수현
펴낸이 홍지연

편집 홍소연 김선아 김영은 이예은 차소영 조어진 서경민
디자인 이정화 박태연 정든해 이설
마케팅 강점원 원숙영 김신애 김가영 김동휘
경영지원 정상희 배지수
저작권 한지훈

펴낸곳 ㈜우리학교
출판등록 제313-2009-26호(2009년 1월 5일)
제조국 대한민국
주소 04029 서울시 마포구 동교로12안길 8
전화 02-6012-6094
팩스 02-6012-6092
홈페이지 www.woorischool.co.kr
이메일 woorischool@naver.com

ⓒ 김수현, 2025
ISBN 979-11-6755-349-2 03590

• 책값은 뒤표지에 적혀 있습니다.
• 잘못된 책은 구입한 곳에서 바꾸어 드립니다.

만든 사람들
편집 이보리
디자인 이정화